AutoUni – Schriftenreihe

Band 84

Herausgegeben von / Edited by
Volkswagen Aktiengesellschaft
AutoUni

Die Volkswagen AutoUni bietet den Promovierenden des Volkswagen Konzerns die Möglichkeit, ihre Dissertationen im Rahmen der „AutoUni Schriftenreihe" kostenfrei zu veröffentlichen. Die AutoUni ist eine international tätige wissenschaftliche Einrichtung des Konzerns, die durch Forschung und Lehre aktuelles mobilitätsbezogenes Wissen auf Hochschulniveau erzeugt und vermittelt.
Die neun Institute der AutoUni decken das Fachwissen der unterschiedlichen Geschäftsbereiche ab, welches für den Erfolg des Volkswagen Konzerns unabdingbar ist. Im Fokus steht dabei die Schaffung und Verankerung von neuem Wissen und die Förderung des Wissensaustausches.
Zusätzlich zu der fachlichen Weiterbildung und Vertiefung von Kompetenzen der Konzernangehörigen, fördert und unterstützt die AutoUni als Partner die Doktorandinnen und Doktoranden von Volkswagen auf ihrem Weg zu einer erfolgreichen Promotion durch vielfältige Angebote – die Veröffentlichung der Dissertationen ist eines davon. Über die Veröffentlichung in der AutoUni Schriftenreihe werden die Resultate nicht nur für alle Konzernangehörigen, sondern auch für die Öffentlichkeit zugänglich.

The Volkswagen AutoUni offers PhD students of the Volkswagen Group the opportunity to publish their doctor's theses within the "AutoUni Schriftenreihe" free of cost. The AutoUni is an international scientific educational institution of the Volkswagen Group Academy, which produces and disseminates current mobility-related knowledge through its research and tailor-made further education courses. The AutoUni's nine institutes cover the expertise of the different business units, which is indispensable for the success of the Volkswagen Group. The focus lies on the creation, anchorage and transfer of knew knowledge.
In addition to the professional expert training and the development of specialized skills and knowledge of the Volkswagen Group members, the AutoUni supports and accompanies the PhD students on their way to successful graduation through a variety of offerings. The publication of the doctor's theses is one of such offers.
The publication within the AutoUni Schriftenreihe makes the results accessible to all Volkswagen Group members as well as to the public.

Herausgegeben von / Edited by
Volkswagen Aktiengesellschaft
AutoUni
Brieffach 1231
D-38436 Wolfsburg
http://www.autouni.de

Johannes Peter

Numerische Untersuchung und Optimierung des Laufrades einer Pkw-Abgasturboladerturbine

Springer

Johannes Peter
Isenbüttel, Deutschland

Zugl.: Dissertation, Leibniz Universität Hannover, 2016

Die Ergebnisse, Meinungen und Schlüsse der im Rahmen der AutoUni Schriftenreihe veröffentlichten Doktorarbeiten sind allein die der Doktorandinnen und Doktoranden.

AutoUni – Schriftenreihe
ISBN 978-3-658-14025-0 ISBN 978-3-658-14026-7 (eBook)
DOI 10.1007/978-3-658-14026-7

Die Deutsche Nationalbibliothek verzeichnet diese Publikation in der Deutschen Nationalbibliografie; detaillierte bibliografische Daten sind im Internet über http://dnb.d-nb.de abrufbar.

Springer

Gedruckt auf säurefreiem und chlorfrei gebleichtem Papier

Springer ist Teil von Springer Nature
Die eingetragene Gesellschaft ist Springer Fachmedien Wiesbaden GmbH

Vorwort

Die vorliegende Arbeit entstand während meiner dreijährigen Tätigkeit als Doktorand in der Konzernforschung der Volkswagen AG in Wolfsburg.

Herrn Prof. Dr.-Ing. Jörg Seume gilt mein besonderer Dank für die wissenschaftliche Betreuung sowie für die wertvollen Anregungen während der Erstellung dieser Arbeit.

Weiterhin danke ich Herrn Prof. Dr.-Ing. Roland Baar für die Übernahme des Korreferates und Herrn Prof. Dr.-Ing. Hans Jürgen Maier für die Übernahme des Vorsitzes bei diesem Promotionsverfahren.

Für die Möglichkeit zur Anfertigung dieser Arbeit und die hervorragenden Randbedingungen gilt mein Dank Herrn Dipl.-Ing. Axel Winkler, Herrn Dipl.-Ing. Michael Frambourg sowie Herrn Dr.-Ing. Tobias Lösche-ter Horst.

Herrn Dr.-Ing. Lars Kapitza danke ich für die Durchsicht der Arbeit sowie für die generelle Betreuung während meiner gesamten Doktorandenzeit. Ebenso gilt mein Dank Herrn Dr.-Ing. Christian Schnückel für den regelmäßigen fachlichen Austausch und Herrn Dipl.-Ing. Martin Kiel für die ausgezeichnete Zusammenarbeit bei der Erstellung des parametrisierten CAD-Modells. Außerdem danke ich Herrn Dr.-Ing. Dirk Hagelstein und seinem Team für die hilfreichen Diskussionen und die tatkräftige Unterstützung bei den Messungen am Heißgas- und Motorprüfstand.

Darüber hinaus möchte ich mich bei Franziska Löhr für ihren großen Beistand und das von ihr aufgebrachte Verständnis während dieser arbeitsreichen Zeit ganz besonders bedanken.

Nicht zuletzt bin ich meinen Eltern für die bedingungslose Unterstützung und für den starken Rückhalt während meiner gesamten Ausbildungszeit sehr dankbar.

Johannes Peter

Inhaltsverzeichnis

Abbildungsverzeichnis

Tabellenverzeichnis

Nomenklatur

Formelzeichen

Symbol	Einheit	Bezeichnung	Definiert in
A	mm^2	Fläche, Querschnittsfläche	
$A_{s,T}$	mm^2	isentroper Ersatzquerschnitt der Turbine	Gl. (7.16)
a		variable Modellkonstante	Gl. (5.14)
a	m/s	Schallgeschwindigkeit	Gl. (7.4)
B_V	m	Düsenbreite der Volute	Abb. 5.2
C	-	Courant-Zahl	Gl. (4.2)
c	m/s	absolute Strömungsgeschwindigkeit	Abb. 3.2
c_p	J/kgK	spezifische isobare Wärmekapazität	
$c_{p,AG}$	-	Druckbeiwert im Abströmgehäuse	Gl. (7.2)
D	m	Durchmesser	
d_{LE}	m	Dicke der Schaufelvorderkante	Abb. 5.2
d_{TE}	m	Dicke der Schaufelhinterkante	Abb. 5.2
F	N	Kraft	
F		Faktor, Wert eines Faktors	Gl. (5.4)
f	-	Ersatzfaktor	Gl. (5.4)
f_e	Hz	Eigenfrequenz	
H_{TE}	m	Höhe der Schaufelhinterkante	Abb. 5.2
h	J/kg	spezifische Enthalpie	Gl. (3.2)
h_{ax}	-	relative axiale Koordinate zur Beeinflussung der Krümmung der Hubkontur	Abb. 5.2
h_r	-	relative radiale Koordinate zur Beeinflussung der Krümmung der Hubkontur	Abb. 5.2
i	-	Arbeitsspiele pro Umdrehung	Gl. (1.1)
i	°	Inzidenzwinkel	Gl. (7.1)
J	kgm^2	Massenträgheitsmoment	Gl. (1.3)
L_{ax}	m	Parameter für die axiale Schaufellänge	Abb. 5.2
M	Nm	Moment	Gl. (1.1)
Ma	-	Mach-Zahl	Gl. (7.4)

Symbol	Einheit	Bezeichnung	Definiert in
m	m	meridionale Länge	Gl. (5.1)
m'	-	reduzierte meridionale Länge	Gl. (5.1)
m	-	Anzahl Stufen	Gl. (5.7)
$\dot{m}$	kg/s	Massenstrom	Gl. (3.2)
N	-	Anzahl an Experimenten	Gl. (5.6)
N_B	-	Anzahl an Schaufeln	
N_{Ba}	-	Anzahl an Basistermen	Gl. (5.14)
N_F	-	Anzahl an Faktoren	Gl. (5.8)
n	min^{-1}	Drehzahl	Gl. (1.1)
n	-	Polytropenexponent	Gl. (4.4)
n		Einflussgröße	Gl. (5.6)
OF		Objective Function (Zielfunktion)	Gl. (3.7)
o	°	Öffnungswinkel zwischen zwei Schaufeln	Abb. 7.18
P	W	Leistung	Gl. (1.1)
$P(x)$		Penalty Function (Straffunktion)	Gl. (3.7)
p	Pa	Druck	
p_{me}	Pa	Effektiver Mitteldruck	Gl. (1.1)
R	J/kgK	Spezifische Gaskonstante	
R^2	-	Bestimmtheitsmaß	Gl. (5.18)
R^2_{adj}	-	angepasstes Bestimmtheitsmaß	Gl. (5.19)
R^2_{Prog}	-	Vorhersagemaß	Gl. (5.20)
$R_{p\,0,2}$	N/m^2	0,2%-Dehngrenze	Gl. (6.8)
R_{LE}	m	Radius zur Beeinflussung der Vorderkante	Abb. 5.2
R_{TE}	m	Radius der Turbinennabe an der Hinterkante	Abb. 5.2
R_V	m	Radius der Volute	Abb. 5.2
$RMSE$		Wurzel des mittleren quadratischen Fehlers	Gl. (6.7)
r	m	Radius	Gl. (1.3)
r	-	Druck-Reaktionsgrad	Gl. (7.17)
s	-	Sehnenlänge der Saugseite	Abb. 5.2
s	m	Koordinate in Span-Richtung	Abb. 7.14
s	°	Teilungswinkel	Gl. (7.18)
s_{ax}	-	relative axiale Koordinate zur Beeinflussung	Abb. 5.2

Symbol	Einheit	Bezeichnung	Definiert in
		der Krümmung der Shroudkontur	
s_r	-	relative radiale Koordinate zur Beeinflussung der Krümmung der Shroudkontur	Abb. 5.2
T	K	Temperatur	
t	s	Zeit	
u	m/s	Umfangsgeschwindigkeit	Abb. 3.2
u	-	relative Unsicherheit	Gl. (4.3)
u/c_s	-	Laufzahl	Gl. (3.3)
V	m^3	Volumen	
$\dot{V}$	m^3/s	Volumenstrom	
V_H	m^3	Hubvolumen	Gl. (1.1)
W	J	Arbeit, Energie	Gl. (4.12)
w	-	Gewichtungsfaktor	Gl. (3.7)
w	m/s	relative Strömungsgeschwindigkeit	Abb. 3.2
X		Design-Matrix	Gl. (5.11)
x		Eingangsgröße	
y		Ausgangsgröße, Zielgröße	Gl. (5.11)
$\hat{y}$		Geschätzter Wert für y	Gl. (4.13)
$\bar{y}$		Mittelwert der Größe y	
y^+		dimensionsloser Wandabstand	
z	m	Koordinate in axialer Richtung	
α	°	Strömungswinkel der Absolutgeschwindigkeit	Abb. 3.2
β	°	Strömungswinkel der Relativgeschwindigkeit	Abb. 3.2
β		Regressionskoeffizient	Gl. (5.12)
β_{LE}	°	Winkel des Schaufelprofils an der Vorderkante	Abb. 5.2
β_{TE}	°	Winkel des Schaufelprofils an der Hinterkante	Abb. 5.2
ε		Residuum	Gl. (5.11)
η	-	Wirkungsgrad	Gl. (4.8)
η	$Pa \cdot s$	dynamische Viskosität	Gl. (7.7)
$\eta_{s,T}\eta_m$	-	mechanisch-kombinierter isentr. Wirkungsgrad	Gl. (4.9)
θ	°	Umfangswinkel	Abb. 5.2
κ	-	Isentropenexponent	

Symbol	Einheit	Bezeichnung	Definiert in
λ_{LE}	°	Kegelwinkel der Schaufelvorderkante	Abb. 5.2
μ		Mittelwert	Gl. (5.16)
ν_{TE}	°	Neigungswinkel der Schaufelhinterkante	Abb. 5.2
Π	-	Druckverhältnis	Gl. (3.6)
ρ	kg/m^3	Dichte	Gl. (1.3)
ρ	-	Korrelationskoeffizient	Gl. (5.16)
σ		Standardabweichung	Gl. (5.16)
σ_{max}	N/m^2	maximale Hauptspannung	Gl. (6.8)
τ	N/m^2	Schubspannung	Gl. (7.7)
φ	$°KW$	Kurbelwinkel	Gl. (4.11)
Ψ	-	Variable zur Schrittweitenbestimmung (PSO)	Gl. (5.23)
ω	rad/s	Winkelgeschwindigkeit	Gl. (1.1)
ω_s	-	spezifische Drehzahl	Gl. (3.1)
$\dot{\omega}$	rad/s^2	Winkelbeschleunigung	Gl. (1.2)

Tiefgestellte Indizes

aus	Austritt
ax	axial, Axialkomponente
B	Blade (Schaufel)
DS	Druckseite des Schaufelprofils
e	Effektiv
ein	Eintritt
H	Hub
LE	Leading Edge (Schaufelvorderkante)
M	Motor
m	Mechanisch
m	Meridian
m	Mittel
p	Polytrop
R	Reibung
red	Reduziert

ref	Referenz
SS	Saugseite des Schaufelprofils
s	Isentrop
T	Turbine
TE	Trailing Edge (Schaufelhinterkante)
TR	Turbinenrad
tot	Total
u	Umfangskomponente
V	Verdichter
Vol	Volute
W	Welle
W	Widerstand
z	Zentrifugal

Abkürzungen

ANN	Artificial Neural Network	künstliches neuronales Netzwerk
ANW	Auslassnockenwelle	
ATL	Abgasturbolader	
BP	Betriebspunkt	
CAD	Computer Aided Design	rechnergestützte Konstruktion
CFD	Computational Fluid Dynamics	numerische Strömungssimulation
DoE	Design-of-Experiments	statistische Versuchsplanung
EA	Evolutionärer Algorithmus	
ETA	Wirkungsgrad	
ES	Evolutionäre Strategie	
FEM	Finite-Elemente-Methode	
GA	Genetischer Algorithmus	
HCF	High-Cycle Fatique	Materialermüdung bei hochfrequenter Beanspruchung
MLS	Moving Least Square (method)	Methode der angepassten kleinsten Fehlerquadrate
MOO	Multi-Objective Optimization	Mehrziel-Optimierung
MTM	Massenträgheitsmoment	

OF	Objective Function	Zielfunktion
PLS	Polynomial Least Square (method)	Methode der polynombasierten kleinsten Fehlerquadrate
PSO	Partikel-Schwarm-Optimierung	
RANS	Reynolds-Averaged Navier-Stokes Equations	Reynolds-gemittelte Navier-Stokes Gleichungen
RBF	Radiale Basis Funktionen	
RMSE	Root Mean Square Error	Wurzel des mittleren quadratischen Fehlers
SOO	Single-Objective Optimization	Einziel-Optimierung
VTG	Variable Turbinengeometrie	

1 Einleitung

Das Bedürfnis der Menschen nach unabhängiger Mobilität ist ungebrochen. Dies wird anhand von steigenden Zulassungszahlen, insbesondere in Schwellenländern, deutlich. Die stetige Zunahme von Pkw mit überwiegend verbrennungsmotorischem Antrieb führt in Verbindung mit schwindenden fossilen Energieträgern zu der Notwendigkeit, die Energieeffizienz dieser Antriebssysteme zu verbessern. Ebenso erfordern die gesetzlich vorgeschriebenen CO2-Emissionsbegrenzungen kontinuierliche Wirkungsgradsteigerungen des verbrennungsmotorischen Antriebs.

Die Herausforderungen für die Automobilhersteller sind neben der Optimierung von konventionellen Antriebskonzepten auch die Entwicklung neuer Technologien. Hierbei ist für den Erfolg eines Antriebskonzeptes neben der technischen Umsetzbarkeit der finanzielle Aspekt entscheidend. Hybride Antriebe und insbesondere rein brennstoffzellen- oder batteriegespeiste Elektroantriebe weisen heutzutage neben technologischer Grenzen noch Defizite bei der Kosten-Nutzen Kalkulation auf (Heikel und Becker 2012).

Eine deutlich bessere Kostenbilanz und die damit verbundene Kundenakzeptanz weist der verbrennungsmotorische Antrieb auf, welcher in Verbindung mit der Abgasturboaufladung in den letzten Jahren deutliche Wirkungsgradsteigerungen erzielen konnte. Die Abgasturboaufladung ermöglicht es, einen Teil der Abgasenthalpie in einer Turbine zum Antreiben eines Verdichters zu nutzen, um den effektiven Mitteldruck p_{me} im Brennraum zu steigern. Dadurch wird der Motor bei durchschnittlich höherer Last und besseren spezifischen Verbräuchen betrieben. Bei unveränderten Leistungsanforderungen P_e kann dies analog Gl. (1.1)

$$P_e = M_e \cdot \omega = V_H \cdot p_{me} \cdot n_M \cdot i \tag{1.1}$$

durch die Reduzierung des Hubraums V_H erreicht werden, was als *Downsizing* bezeichnet wird. Eine andere Maßnahme besteht darin, das höhere effektive Drehmoment M_e bei niedrigen Motordrehzahlen n_m auszunutzen, um bei gleichem Dynamikverhalten des Motors das Gesamtübersetzungsverhältnis zu erhöhen, worunter *Downspeeding* verstanden wird. Für die Verbesserung des Ansprechverhaltens und des Kraftstoffverbrauchs ist in Abhängigkeit des Aufladegrades eine optimale Kombination beider Maßnahmen ausschlaggebend. Zusätzlich zur Lastpunktverschiebung entstehen beim Downsizing weitere Wirkungsgradvorteile aufgrund von reduzierten Wärme- und Reibungsverlusten des kleineren Motors.

Die Entdrosselung im Teillastbereich ist jedoch der wesentliche Grund für signifikante Wirkungsgradsteigerungen von Ottomotoren im Fahrzyklus. Deshalb werden die jetzigen und zukünftigen Emissionsziele hubraumreduzierte Turbomotoren erfordern (Heikel und Becker 2012). In Abb. 1.1 ist der Downsizing-Effekt auf das Verbrauchskennfeld dargestellt.

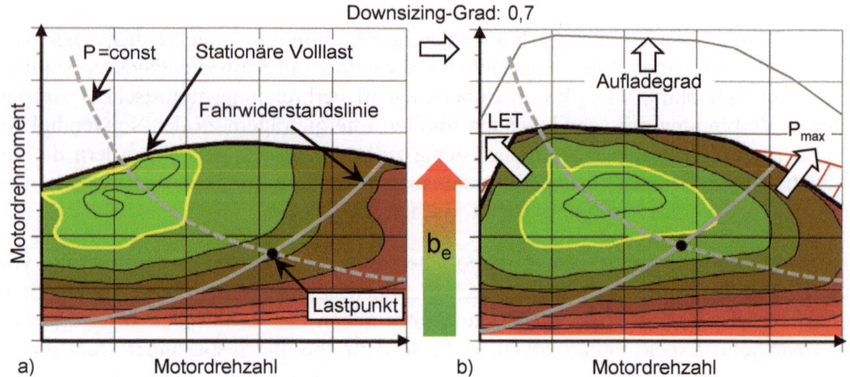

Abb. 1.1: Lastpunktverschiebung durch Downsizing zu geringen spezifischen Verbräuchen b_e
a) Verbrauchskennfeld eines Saugmotors
b) Verbrauchskennfeld eines um 30% hubraumreduzierten Turbomotors

Die stationäre Volllastline des einfach aufgeladenen, hubraumreduzierten Ottomotors (Abb. 1.1b) verdeutlicht neben den Verbrauchsvorteilen durch die Lastpunktverschiebung auch die Nachteile gegenüber einem Saugmotor (Abb. 1.1a). Es sind Defizite bei der maximal darstellbaren Leistung P_{max} und einem hohen Drehmoment bei sehr niedrigen Motordrehzahlen vor dem Erreichen des Motoreckmoments (***Low End Torque***) zu erkennen. Hier entsteht ein genereller Kompromiss, welcher im Wesentlichen von der Auslegung des Abgasturboladers (ATL) bestimmt wird.

Hohe spezifische Leistungen P_{max}/V_H erfordern neben einem entsprechend dimensionierten Verdichter ein großes Schluckvermögen der Turbine, sodass das Abgasenergieangebot in einem weiten Bereich ausgenutzt werden kann. Um den Ladungswechsel nicht zu sehr zu beeinträchtigen, ist das Niveau des Abgasgegendrucks möglichst niedrig zu halten, was für Wastegate-Turbinen große Laufräder mit hohem polaren Massenträgheitsmoment bedeutet. Das hat im Umkehrschluss eine reduzierte Turbinenleistung bei geringen Abgasmassenströmen zur Folge, wodurch das Motoreckmoment (LET) erst bei größeren Motordrehzahlen erreicht wird. Zudem wirkt sich das höhere Massenträgheitsmoment negativ auf transiente Lastanforderungen aus. Den Zielkonflikt zwischen einem möglichst schnellen Drehmomentenaufbau und der Steigerung des Aufladegrades hubraumgleicher Motoren verdeutlicht Abb. 1.2 schematisch anhand des Unterschieds zwischen stationärer und transienter Volllast. Die transiente Volllast veranschaulicht hier das Motorverhalten für einen Beschleunigungsvorgang aus geringer Motordrehzahl.

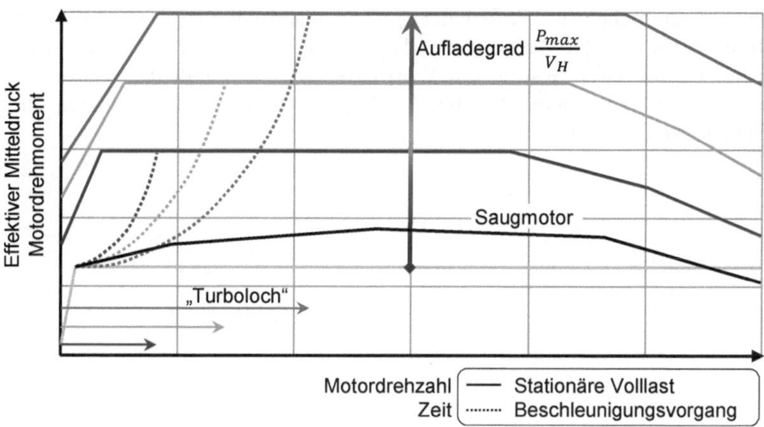

Abb. 1.2: Stationäre Volllast und transiente Volllast hubraumgleicher Motoren (schematisch)

Das Motoransprechverhalten verschlechtert sich zunehmend mit steigendem Aufladegrad, was als „Turboloch“ wahrgenommen wird. Der Grund hierfür liegt darin, dass ein erheblicher Teil der aus dem Abgas umgesetzten Turbinenleistung P_T, in Abhängigkeit der Leistungsaufnahme des Verdichters P_V und der Reibleistung des Lagers P_R, für die Beschleunigung des Rotors $\dot{\omega}_{ATL}$ gemäß Gl. (1.2) aufgebracht werden muss.

$$\dot{\omega}_{ATL} = \frac{1}{J_{ATL} \cdot \omega_{ATL}} \left[\eta_{s,T} P_{s,T} - \left(\frac{P_{s,V}}{\eta_{s,V}} + P_R \right) \right] \tag{1.2}$$

Die Gleichung verdeutlicht, dass zum einen hohe isentrope Wirkungsgrade der einzelnen Komponenten und zum anderen das Massenträgheitsmoment des Laufzeugs J_{ATL} für die ATL-Beschleunigung entscheidend sind. Je nach vorhandener Turbinenleistung fällt der Einfluss der Trägheit dabei unterschiedlich groß aus. Die Massenträgheit des ATL-Rotors teilt sich auf in

$$J_{ATL} = J_T + J_W + J_V = \sum_i \oiiint r_i^2 \rho_i(r_i) d^3 r_i. \tag{1.3}$$

Dabei ist das Massenträgheitsmoment der Welle J_W im Vergleich zu den Laufrädern in guter Näherung vernachlässigbar. Da die Dichte von Nickel-Basis-Legierungen, welche überwiegend für ATL-Turbinenräder verwendet werden, etwa dem Dreifachen von aluminiumbasierten Verdichterwerkstoffen entspricht, besteht in der Reduktion der Massenträgheit des Turbinenrades J_T ein großes Potenzial zur Verringerung der gesamten Massenträgheit des Turboladers J_{ATL}. Anhand von Gl. (1.3) wird der Einfluss des Radius‘ r_i sowie der Dichte ρ_i des Turbinenwerkstoffes deutlich. Dies ist ein wesentlicher Grund dafür, warum ein Entwicklungsschwerpunkt der letzten Jahre auf Mixed-flow Turbinenrädern (Abschn. 3.2.2) und innovativen Legierungen mit geringerer Dichte gelegen hat.

2 Zielsetzung

Bei der Steigerung des Aufladegrades von Verbrennungsmotoren ist der darstellbare Drehmomentenaufbau entscheidend für die Umsetzung von verbrauchsrelevanten Maßnahmen wie Downsizing und Downspeeding. Dabei wird das transiente Motorverhalten maßgeblich von der Auslegung des Turbinenrades eines Wastegate-geregelten Abgasturboladers beeinflusst. Nur mit einem optimalen Design lassen sich zukünftige CO_2-Ziele mit der gewünschten Motordynamik vereinbaren, ohne auf zusätzliche Komponenten zurückgreifen zu müssen, wodurch die Komplexität und die Kosten des Aufladeaggregates zwangsläufig steigen würden.

Das Ziel dieser Arbeit ist es, mit Hilfe eines CFD-basierten Optimierungsprozesses (**C**omputational **F**luid **D**ynamics), Geometrien von Turbinenrädern zu ermitteln, welche für die Motoranforderungen hinsichtlich bestimmter Kriterien optimal sind. Dabei soll in dieser Arbeit ein Lösungsbeitrag zur Problemstellung nach dem richtigen Trade-Off zwischen Wirkungsgrad und Massenträgheitsmoment der Turbine geliefert werden. Außerdem sollen möglichst allgemeingültige Aussagen über die Auswirkungen von Auslegungsmerkmalen der Turbinen abgeleitet werden, die ähnliche Anforderungsprofile und Randbedingungen aufweisen. In diesem Zusammenhang ergibt sich auch die zentrale Frage nach der optimalen Turbinenbauart (radial, mixed-flow, axial) für die betrachtete Motoranwendung.

Als Referenz für die Optimierung dient ein Abgasturbolader, welcher aus einem Benchmark hervorgegangen ist. Dessen Turbine wurde für einen Vierzylinder-Ottomotor mit 1,4 l Hubraum und einer Leistung von 118 kW ausgelegt.

3 Stand der Technik

3.1 Konzepte zur Steigerung des Aufladegrades

Für die downsizing-geprägten Herausforderungen an Motordynamik und Nennleistung und der damit verbundenen Steigerung des Aufladegrades existieren verschiedene aufladetechnische Konzepte. Dazu zählen u.a. zweistufige Aufladesysteme. Sie ermöglichen eine hohe spezifische Leistung und gleichzeitig einen spontanen Ladedruckaufbau durch die in Reihe geschaltete Hochdruck- und Niederdruckstufe, wodurch die Vorteile eines kleinen und eines großen ATL verbunden werden (Freisinger et al. 2010, Lischer et al. 2010). Neben weiteren Kombinationsmöglichkeiten von Abgasturboladern, wie z. B. der sequentiellen Registeraufladung (Golloch 2005), der parallelen Biturboaufladung (Königstedt et al. 2012) oder der Kombination einer parallelen und sequentiellen Regelung (Kuhlbach et al. 2013), existieren auch ATL-unterstützende Systeme zur Steigerung des Aufladegrades. Die Zuschaltung von mechanisch angetriebenen Verdrängermaschinen, wie beispielsweise dem Rootsverdichter, ermöglicht einen unmittelbaren Ladedruckaufbau und somit eine ATL-Auslegung auf höhere Durchsätze (Middendorf et al. 2005). Ebenso kann durch eine Hybridisierung des Abgasturboladers mit Hilfe eines Elektromotors eine unzureichende Turbinenleistung während des ATL-Hochlaufs ausgeglichen werden, wie von Zellbeck et al. (1999), Gödeke und Prevedel (2013) und Spinner et al. (2013) gezeigt wird.

Auch Monoturboladerkonzepte ohne Hilfsaggregate haben durch die Gestaltung des Turbinenspiralgehäuses (Volute) und die Regelungsstrategie einen signifikanten Einfluss auf den realisierbaren Aufladegrad. Weiterhin ermöglichen verstellbare Leitschaufeln eine variable Turbinengeometrie (VTG) und somit die Regelung des Turbinendruckverhältnisses, wobei der gesamte Abgasmassenstrom über das komplette Drehzahlband des Motors ausgenutzt wird. Für dieselmotorische Anwendungen ist diese Art der Regelung bereits seit Jahrzehnten Stand der Technik. Ottomotorische Anwendungen stellen hier noch eine Ausnahme dar und beschränken sich auf Nischensegmente (Gabriel et al. 2007). Hier greift man aufgrund der höheren Abgastemperaturen und der größeren Durchsatzspreizung meist auf Wastegate-Regelungssysteme zurück, bei der die Auslegung der Turbine einen Kompromiss aus hohem Schluckvermögen und gutem Dynamikverhalten darstellt. Im Bereich großer Abgasdurchsätze wird dann ein Teil des Massenstroms zur Begrenzung des Ladedrucks, der Klopfneigung und der Materialbelastungen über das Wastegate an der Turbine vorbeigeführt (Golloch 2005). Hierdurch wird der Abgasgegendruck und damit das Spülgefälle beeinflusst, was sich je nach Ventilsteuerzeiten auf die Menge an inertem Restgas im Brennraum und damit auf die Stabilität des Brennverfahrens auswirkt (Merker und Schwarz 2009). In diesem Kontext zeigen Bauer et al. (2011) am Beispiel eines 6-Zylinder Dieselmotors, dass sich die Turboladerauslegung und die Ventilsteuerzeiten gegenseitig beeinflussen und eine gemeinsame Betrachtung im Entwicklungsprozess zu einem deutlich verbesserten Dynamikverhalten führen kann.

Beim Turbinenspiralgehäuse, das zur Ausführung der Anströmung des Turbinenrades dient, gibt es außer der einflutigen Volute (Mono-Scroll) weitere Volutenkonzepte, welche die Auslasskanäle in zwei Fluten bis vor das Turbinenrad meridional (Twin-Scroll) oder über den Umfang (Double-Scroll) unterteilt. Die jeweilige Verwendung ist in erster Linie von der Zylinderanzahl und den damit verbundenen Ventilüberschneidungen während des Ladungswechsels abhängig (Baines 2005). Zusätzlich führt die Flutentrennung zu einer Erhöhung der von der Turbine nutzbaren technischen Arbeitsfähigkeit des Abgases. Dies ergibt sich aus der unterschiedlichen Betriebsweise der Turbine. Je nach Art der Dämpfung des Abgaspulses wird zwischen Stau- und Stoßaufladung unterschieden. Bei einer starken Dämpfung spricht man von Stauaufladung. Eine geringe Dämpfung ist charakteristisch für die Stoßaufladung. Letztere wird für Fahrzeuganwendungen wegen des höheren Energieangebots, insbesondere für Beschleunigungsvorgänge bei geringen Abgasmassenströmen, bevorzugt (Zapf und Pucher 1977). Die Ausschubarbeit des Kolbens wird dabei in Form von erhöhtem Druck und erhöhter kinetischer Energie möglichst direkt an das Turbinenrad geleitet. Dies führt dazu, dass die Turbine selbst bei konstanter Motorlast und Motordrehzahl hochgradig instationär betrieben wird und jederzeit in einem weiten Kennfeldbereich arbeitet (Hiereth und Prenninger 2007).

3.2 ATL-Turbinen

Der instationäre Betrieb der Turbine hat große Massenstrom-, Temperatur- und Druckschwankungen zur Folge, was zu erheblichen Unterschieden in der technischen Arbeitsfähigkeit des Abgases führt. Palfreyman und Martinez-Botas (2005) zeigen mittels einer transienten Strömungssimulation die starken Auswirkungen der Abgaspulse auf den Anströmungswinkel der Turbine und somit auch auf den Wirkungsgrad. Während Wirkungsgradeinbußen bei stark negativer Inzidenz (saugseitige Anströmung) von geringerer Bedeutung sind, führen Strömungsverluste bei stark positiver Inzidenz (druckseitige Anströmung) zu einer erheblichen Reduzierung der effektiv umgesetzten Turbinenleistung. Marelli und Capobianco (2011) zeigen hierzu den gegensätzlich gerichteten Verlauf von der theoretischen Arbeitsfähigkeit und dem Turbinenwirkungsgrad über die Dauer eines Abgaspulses. Das Ziel für die Turbinenauslegung liegt somit in der Maximierung des Wirkungsgrades im Bereich des größten Abgasmassenstroms. Insbesondere während eines Motorlastsprungs führt das zu einem Turbinenarbeitsbereich bei verhältnismäßig geringen spezifischen Drehzahlen

$$\omega_s = 2\pi \frac{n_{ATL} \cdot \sqrt{\dot{V}_{aus}}}{\Delta h_{tot,s}{}^{3/4}}. \tag{3.1}$$

Die Unterteilung von Turbinen erfolgt gemäß ihrer Anströmungsrichtung in Radial-, Mixed-flow-, und Axialturbinen. Nach Whitfield und Baines (1990) deckt jede Bauform einen für sie optimalen Arbeitsbereich ab, welcher sich auf die spezifische Drehzahl nach Gl. (3.1) bezieht. Die unterschiedlichen Bereiche sind in Abb. 3.1 dargestellt.

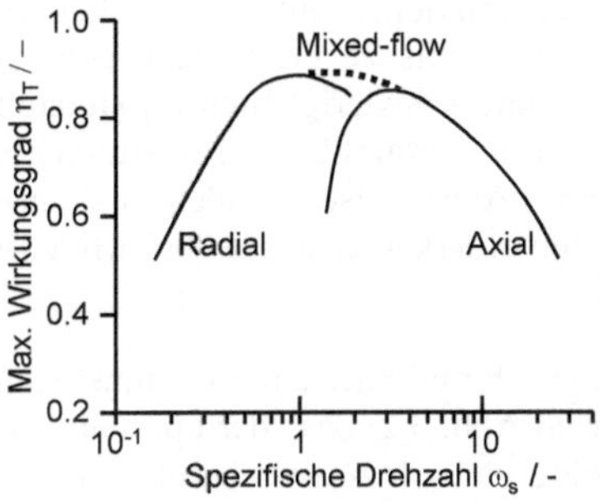

Abb. 3.1: Wirkungsgradoptimaler Turbinenarbeitsbereich nach Whitfield und Baines (1990)

3.2.1 Radialturbinen

Die dominierende Turbinenbauart der letzten Jahrzehnte im Bereich der Pkw-Abgasturbolader war die Radialturbine. Charakterisiert ist diese Turbinenart dadurch, dass sich die Schaufelvorderkante (**L**eading **E**dge) auf einem konstanten Durchmesser befindet. Der große Vorteil der radialen Bauweise liegt darin, dass das Fluid unter einer deutlichen Reduzierung des mittleren Radius‘ expandiert und dadurch eine vergleichsweise hohe Stufenarbeit ermöglicht wird, wie die Eulersche Turbinengleichung verdeutlicht

$$\frac{P_T}{\dot{m}_T} = \Delta h_T = \int_{ein}^{aus} d\,(u \cdot c_u) \approx \omega \cdot [(r \cdot c_u)_{aus} - (r \cdot c_u)_{ein}]. \tag{3.2}$$

In Abb. 3.2 werden hierzu beispielhaft die Geschwindigkeitsdreiecke am Ein- und Austritt einer Radialturbine bei halber Schaufelhöhe gezeigt.

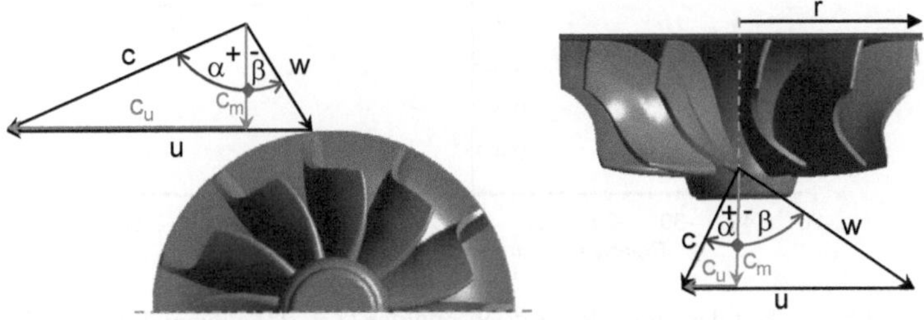

Abb. 3.2: Geschwindigkeitsdreiecke am Ein- (l.) und Austritt (r.) einer Radialturbine

Ein Nachteil dieser Bauform ist das relativ ungünstige Verhältnis von Schluckvermögen zu Massenträgheitsmoment. Des Weiteren sind Radialturbinen an der Schaufelvorderkante in ihren Designvariationen auf einen Schaufelwinkel von $\beta_{LE} \approx 0°$ begrenzt, da Abweichungen einerseits zu größeren Biegespannungen am Schaufelfuß und andererseits zu Entformungsschwierigkeiten im Herstellungsprozess führen (Baines et al. 2003). Diese Restriktion ergibt bei hoher Stufenarbeit, z.B. im Bereich hoher Massenströme während eines Abgaspulses, größere Inzidenzwinkel als bei einer rückwärts gekrümmten Schaufelvorderkante, wie es bei Mixed-Flow- oder Axialturbinen problemlos ausführbar ist.

Hakeem (1995) zeigt analytisch mit Hilfe einer eindimensionalen Betrachtung der Geschwindigkeitsdreiecke nach Abb. 3.2, dass der optimale Betriebsbereich einer Turbine, unter der Voraussetzung eines Inzidenzwinkel von $i = 0°$ ($\beta_{ein} = \beta_{LE}$), anhand der Laufzahl

$$\frac{u}{c_s} = \frac{u_{LE}}{\sqrt{2c_pT_{tot,ein,T}\left[1-\left(\frac{p_{aus,T}}{p_{tot,ein,T}}\right)^{\frac{k-1}{k}}\right]}} \tag{3.3}$$

$$\left(\frac{u}{c_s}\right)_{Opt} = \frac{1}{\sqrt{2}}\sqrt{1-\left(\frac{tan(\beta_{ein})}{tan(\alpha_{ein})}\right)} \tag{3.4}$$

von dem relativen und absoluten Anströmungswinkel nach Gl. (3.4) abhängig ist. Nach analytischer Betrachtung ergibt sich aus dem Design einer Radialturbine mit $\beta_{LE} = 0°$ ein nicht beeinflussbarer optimaler Betriebspunkt bei einer Laufzahl von $u/c_s \approx 0{,}7$, wie Abb. 3.3 veranschaulicht.

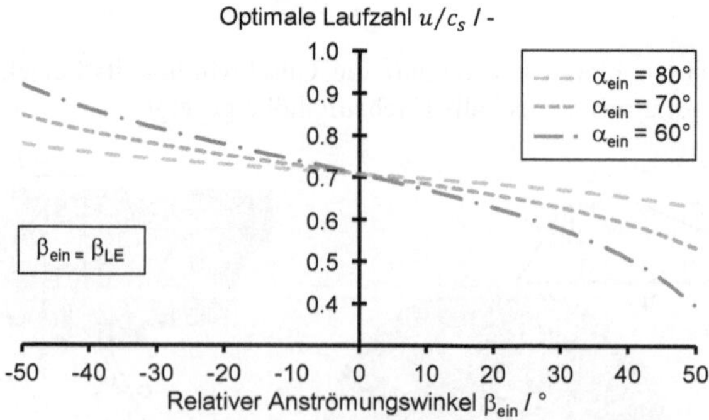

Abb. 3.3: Abhängigkeit des optimalen Betriebspunktes ($i = 0°$) anhand der Laufzahl vom absoluten und relativen Anströmungswinkel α_{ein} und β_{ein} (analytische Betrachtung)

Dies konnte von zahlreichen Autoren experimentell bestätigt werden (u.a. Moustapha et al. 2003). Eine Verschiebung des Betriebspunktes zu niedrigen Laufzahlen kann durch eine Rückwärtskrümmung der Schaufelvorderkante ($\beta_{LE} > 0°$) realisiert werden. Barr et al. (2006) ermitteln dazu mit Hilfe von CFD-Simulationen zweier Radialturbinen eine Wirkungsgradsteigerung von zwei Prozentpunkten beim Übergang von $\beta_{LE} = 0°$ auf $\beta_{LE} = 30°$ im Betriebspunkt $u/c_s = 0{,}38$. Diese Maßnahme geht jedoch mit einem erheblichen Anstieg der strukturmechanischen Spannungen einher.

3.2.2 Mixed-flow Turbinen

Im Gegensatz zu Radialturbinen befindet sich bei Mixed-flow Turbinen die Schaufelvorderkante nicht auf einem konstanten Durchmesser. Durch ihre Neigung vom Gehäuse zur Nabe unterzieht sie sich einer Durchmesserabnahme. Dies hat Auswirkungen auf die Anströmung der Turbine, welche außer der zusätzlichen Axialkomponente auch eine radiusabhängige Umfangskomponente gemäß der Drallerhaltung

$$rc_u = konst \tag{3.5}$$

erhält. Zudem sind dadurch Schaufelwinkel von $\beta_{LE} \gg 0°$ realisierbar. Außerdem entfällt bei unverändertem Eintrittsdurchmesser an der Schaufelspitze ein großer Anteil des zum Massenträgheitsmoment beitragende Materials, was in Abb. 3.4 veranschaulicht wird.

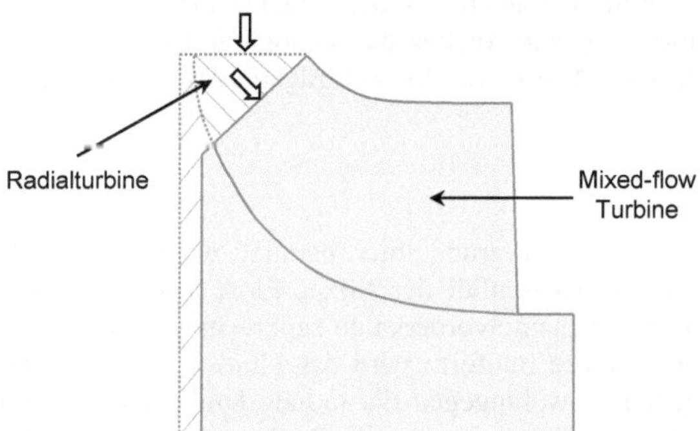

Abb. 3.4: Meridianschnitt einer Mixed-flow Turbine im Vergleich mit einer Radialturbine

Somit ermöglicht diese Turbinenart ein generell größeres Verhältnis von Schluckvermögen zu Massenträgheitsmoment. Karamanis und Martinez-Botas (2002) bescheinigen der Mixed-flow Turbine im Vergleich zur entsprechenden Radialturbine, unabhängig vom Massenträgheitsmoment, ein inhärent höheres Schluckvermögen. Begründet ist dies in der „kompakten Biegung der Schaufelpassage“, wodurch ein „erheblich reduzierter radialer Druckunterschied entlang der Rotorpassage gegen die

Strömungsrichtung entwickelt wird“. Bereits 1979 erreichten Baines et al. mit einer neu ausgelegten Mixed-flow Turbine im Vergleich zu einer radialen Referenzturbine eine deutliche Vergrößerung des Schluckvermögens bei identischen Außenabmessungen. Dieser beobachtete Vorteil der Mixed-flow Turbine konnte von zahlreichen Autoren (u.a. Chou und Gibbs 1989, Abidat et al. 1992) bestätigt werden. Im Umkehrschluss ermöglicht dies eine weitere Reduzierung des Massenträgheitsmoments durch die Auslegung kleinerer Mixed-flow Turbinen ohne dabei das Schluckvermögen im Vergleich zur Radialturbine zu verringern.

Mixed-flow-Turbinen bieten darüber hinaus die Möglichkeit bei hohen relativen Anströmungswinkeln eine Inzidenzreduzierung durch die unproblematisch ausführbare Rückwärtskrümmung der Schaufelvorderkante zu erreichen. Dadurch wird gemäß Abb. 3.3 der optimale Betriebsbereich zu kleineren Laufzahlen verschoben. Ob diese Maßnahme stets zu einer Steigerung des Turbinenwirkungsgrades führt, kann der Literatur jedoch nicht eindeutig entnommen werden, da die Autoren je nach Betrachtungsweise und Randbedingungen zu unterschiedlichen Ergebnissen kommen. Cox et al. (2010) wenden beispielsweise eine Quasi-3D Throughflow-Methode in Verbindung mit einem Optimierer auf ein parametrisiertes Modell für Radial- und Mixed-Flow Turbinen an. Als Vergleichsbasis dient ein Betriebspunkt mit relativ geringer Laufzahl ($u/c_s = 0{,}5$). Die Autoren kommen zu dem Ergebnis, dass die radial ausgeführten Designs bei ähnlichem Massenträgheitsmomenten höhere Wirkungsgrade erzielen, was anschließend durch 3D-CFD-Simulationen abgesichert wird. Hingegen zeigen Fredriksson und Baines (2010) simulativ für einen 6-Zylinder Ottomotor, dass durch das Mixed-Flow-Turbinendesign eine effizientere Ausnutzung der Abgasenergie bei niedrigen Laufzahlen im Vergleich zu einer Radialturbine möglich ist. In ihren Untersuchungen führt dies zu einem Anstieg des stationären LET sowie zu einer verbesserten Motordynamik trotz vergrößerter Massenträgheit des Turbinenrades.

3.2.3 Axialturbinen

Wenn man Radialturbinen aufgrund ihrer parallel zur Rotationsachse ausgeführten Schaufelvorderkante als Extremfall der Mixed-Flow Turbinen betrachtet, so stellen Axialturbinen mit ihrer Schaufelvorderkante senkrecht zur Rotationsachse das andere Extremum dar. Durch diese Bauform wird das Fluid im Rotor hauptsächlich in Umfangsrichtung umgelenkt, wohingegen die radiale Umlenkung über das Laufrad vernachlässigbar ist. Dadurch muss der spezifische Energieumsatz nach Euler (Gl. (3.2)) allein aus der Änderung der Umfangskomponente der Absolutgeschwindigkeit Δc_u geleistet werden.

In der Vergangenheit kamen Axialturbinen für konventionelle Abgasturbolader erst bei Gasdurchsätzen zum Einsatz, die üblicherweise bei Pkw-Anwendungen nicht auftreten. Erst im Jahr 2012 stellten Bauer et al. die erfolgreiche Realisierung einer Axialturbine für Pkw-Motoren in Verbindung mit einem beidseitigen Verdichterrad vor. Im Vergleich zu einem ATL mit Radialturbine werden deutliche Vorteile im Ansprechverhalten gezeigt, was von den Autoren auf die Halbierung des Massenträgheitsmoments und des höheren Turbinenwirkungsgrads bei geringen Laufzahlen zurückgeführt wird. Darüber hinaus führt die Verwendung des kleineren beidseitigen Verdichters zu einer Verschiebung des Arbeitsbereiches der Axialturbine. Diese arbeitet dann bei höheren spezifischen Drehzahlen und besseren Wirkungsgraden (siehe Abb. 3.1). Der Einsatz eines konventionellen Radialverdichters würde außerdem aufgrund seines Axialschubs zu erhöhten Reibungsverlusten im Lager führen, da Axialturbinen nur geringe, von ihrem Reaktionsgrad abhängige Axialkräfte auf den Läufer ausüben.

An diesem Bespiel wird die Bedeutung der richtigen Kombination von Verdichter und Turbine ersichtlich. In Abb. 3.5a wird dazu der Einfluss des Austrittsdurchmessers von dem Verdichter $D_{aus,V}$ auf den stationären Arbeitsbereich der Turbine innerhalb der Betriebsgrenzen prinzipiell dargestellt. Der Arbeitsbereich überstreicht in der gewählten Darstellung einen Teil von einer Wirkungsgradparabel. Die Verschiebung des Bereiches oder eines Betriebspunktes auf der Parabel resultiert aus der Herab- bzw. Heraufsetzung der ATL-Drehzahl, welche von dem Austrittsdurchmesser des Verdichters abhängig ist. Um einen wirkungsgradoptimalen Arbeitsbereich wie in Abb. 3.5a zu erzielen, erfolgt die Turbinenauslegung idealerweise erst nach der des Verdichters, welcher zunächst die Anforderungen des Motors erfüllen muss.

Auch der Turbineneintrittsdurchmesser $D_{ein,T}$ beeinflusst in erheblichem Maße den Arbeitsbereich einer Turbine. So bewirkt eine Veränderung des Turbineneintrittsdurchmessers eine Verschiebung der Wirkungsgradparabel über der Laufzahl (Abb. 3.5b). Da eine Drehzahlkopplung an den Verdichter besteht, führt beispielsweise eine Vergrößerung von $D_{ein,T}$ zu höheren Umfangsgeschwindigkeiten der Turbine und somit zu größeren Laufzahlen im selben Motorbetriebspunkt. Abb. 3.5b illustriert somit, dass ein Vergleich zweier Turbinen anhand der Laufzahl, wie es in der Literatur oft zu finden ist, irreführend sein kann, da oftmals ein hoher Wirkungsgrad bei niedrigen Laufzahlen als Ziel ausgegeben wird, ohne die Unterschiede im Arbeitsbereich ausreichend zu berücksichtigen.

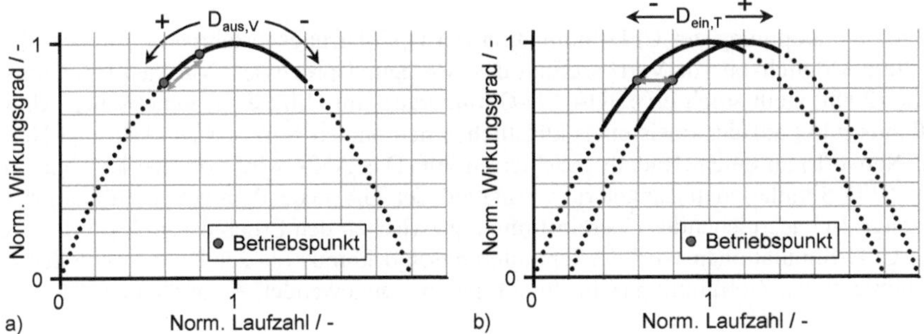

Abb. 3.5: Abhängigkeiten der Laufzahl und des Turbinenwirkungsgrades bei gleichem Motorbetriebspunkt
a) Auswirkung der Variation von $D_{aus,V}$ b) Auswirkung der Variation von $D_{ein,T}$

Zwischen Axial- und Radialturbinen fällt der in Abb. 3.5b dargestellte Effekt am deutlichsten aus, da sich der mittlere Eintrittsdurchmesser der Turbinen in der Regel erheblich voneinander unterscheidet. Bei nicht-radialer Ausführung stellt sich generell die Frage nach dem für die Laufzahl zu verwendenden Eintrittsdurchmesser, da dieser unterschiedlich definierbar ist. Als Kriterium für einen sinnvollen Wirkungsgradvergleich zur Bewertung unterschiedlicher Turbinenarten (radial-axial), beispielsweise für eine Geometrieoptimierung, eignet sich die spezifische Drehzahl nach Gl. (3.1) oder das Turbinendruckverhältnis

$$\Pi_{ts} = \frac{p_{tot,ein,T}}{p_{aus,T}} \tag{3.6}$$

deutlich besser, da hier keine Abhängigkeiten von der Turbinengeometrie existieren und sich der Vergleich allein auf den Zustand der Turbinendurchströmung bezieht.

3.3 CFD-basierte Verfahren zur Geometrieoptimierung

Die CFD-Simulation hat sich als ein wichtiges Werkzeug im Entwicklungsprozess von Motorkomponenten und Aggregaten etabliert. Mit Hilfe von numerischer Strömungssimulationen ermitteln beispielsweise Gugau und Klein (2007) ein Radialturbinendesign für VTG-Anwendungen, mit dem bei unverändertem Schluckvermögen und Wirkungsgrad eine Verringerung des Massenträgheitsmoments der Turbine um 14% erreicht wird. Bei ihrer Parameterstudie variieren die Autoren dazu Umschlingungswinkel, Austrittswinkel, Schaufeldicke, axiale Länge, Schaufelanzahl und den Nabenverlauf. Es wird darauf hingewiesen, dass bei der CFD-Simulation unterschiedlich genaue Modellierungsmöglichkeiten, je nach Anforderungen an die Genauigkeit und den Zeitaufwand verwendet werden können. Für den Variantenvergleich und die Kennfeldvorhersage wird ein Schaufelsegment modelliert und mit der Vorgabe des Anströmungswinkels und anderer Randbedingungen berechnet.

Durch die Kopplung der CFD-Simulation mit Optimierungsverfahren ergibt sich eine weitere Möglichkeit zur Verbesserung des Auslegungsprozesses. Van den Braembussche (2006) stellt solch eine 3D-CFD-Optimierung mit Hilfe eines genetischen Algorithmus (GA) auf der Basis eines künstlichen neuronalen Netzwerkes (**A**rtificial **N**eural **N**etwork) an einem Radialverdichterrad vor. Das ANN wird von den Ergebnissen der CFD-Simulationen „angelernt", während der GA neue Parameterkombinationen erzeugt. Bei ausreichender Übereinstimmung zwischen den Ergebnissen des ANN und der CFD-Simulationen wird der Optimierungsalgorithmus bis zur Konvergenz der zu minimierenden Zielfunktion (**O**bjective **F**unction) angewendet. Zusätzlich zur OF

$$OF = w_1 P_1 + w_2 P_2 + \cdots + w_n P_n, \tag{3.7}$$

bestehend aus untereinander gewichteten (**w**eighted) Straffunktionen (**P**enalties), welche die Abweichung einer Zielgröße von ihrem Sollwert beschreibt, wird auch eine Mehrpunkt-Optimierung vorgestellt, die eine Gewichtung der OF in unterschiedlichen Betriebspunkten vornimmt

$$OF = w_1 OF_1 + w_2 OF_2 + \cdots + w_n OF_n. \tag{3.8}$$

Dadurch kann mit zusätzlichem Aufwand sichergestellt werden, dass die Optimierung in einem weiten Kennfeldbereich Gültigkeit besitzt. Es wird darauf hingewiesen, dass das Erreichen von hohen Wirkungsgraden nutzlos ist, wenn die mechanische Belastbarkeit des Designs nicht gegeben ist. Wie Parameterkombinationen, die zu niedrigen Wirkungsgraden führen, sollten vom Optimierer auch jene ausgeschlossen werden, die zur Überschreitung der mechanischen Belastungsgrenzen führen. Dazu wird ein multidisziplinäres Optimierungsverfahren vorgestellt, nach dem der genetische Algorithmus bei der Suche nach dem Optimum parallel Informationen aus der Strukturmechanik (**F**inite **E**lemente **M**ethode-Solver) und Strömungsmechanik (CFD-Solver) verarbeitet. Zur weiteren Konvergenzbeschleunigung wird der Variationsbereich der einzelnen Parameter auf die Grenzen ihrer Herstellbarkeit beschränkt. Die Parametrisierung erfolgt für den Meridianschnitt und für die Schaufelskelettlinien an Nabe und Gehäuse mittels Bézier-Kurven, deren Beschreibung in Abschn. 5.1 vorgestellt wird. Auf diese Weise wird das zu optimierende Radialverdichterrad mit Hilfe von insgesamt 27 Parametern dreidimensional beschrieben. Eine ähnliche Optimierungsstrategie verwendeten bereits Pierret und van den Braembussche (1998) für Turbinen-Schaufelprofile mit einem zweidimensionalen CFD-Solver.

Pierret (2005) stellt eine kombinierte Mehrziel-, Mehrpunkt- sowie multidisziplinäre Optimierung für eine Axialverdichterschaufel vor, welche in fünf äquidistanten Profilschnitten mit insgesamt 35 Parametern definiert wird. Die Zielfunktion wird auch hier aus unterschiedlichen Zielgrößen und Betriebspunkten gebildet. Diese wird in einem GA ausgewertet, welcher auf ein interpolierendes Metamodell mit radialer Basisfunktion (RBF) angewendet wird. Die Datenbasis für das Metamodell wurde mit der Design-of-Experiments-Methode (DoE) erzeugt. Herauszustellen sind die ermittelten Unterschiede zwischen den Resultaten einer reinen CFD- und einer gekoppelten FEM-CFD-Optimierung. Ohne Berücksichtigung der Festigkeit wird ein deutlicher Wirkungsgradvorteil von zwei Prozentpunkten entlang einer Betriebslinie ausgewiesen, allerdings bei gleichzeitiger Unterschreitung der Mindestschaufeldicke. Hieraus wird gefolgert, dass eine gekoppelte Optimierung unerlässlich ist. Deren Umsetzung führt wieder zu einer Annäherung an das Basisdesign und auf den Verzicht eines Großteils der erzielten aerodynamischen Verbesserung.

Hildebrandt et al. (2011) stellen in den Mittelpunkt ihrer multidisziplinären Optimierung eines Radialverdichters eine Verbreiterung des Kennfelds sowie eine Absenkung der Leistungsaufnahme. Dies erfordert eine Designbewertung an der Pumpgrenze, der Sperrgrenze sowie im Auslegungspunkt des Verdichters. Als Nebenbedingungen soll das Wirkungsgradniveau zumindest gehalten und die maximale von-Mises Spannung begrenzt werden. Es werden 20 Parameter ausgewählt und hieraus 120 zufällige Kombinationen für die CFD-Simulation der drei Betriebspunkte generiert. Auf Basis dieser Daten erfolgt die Optimierung mit einem GA unter Verwendung eines ANN. Dabei werden gewichtete Straffunktionen von Zielen und Nebenbedingungen zu einer gemeinsamen Zielfunktion zusammengefasst. Die Autoren weisen darauf hin, dass die gewählten Gewichtungsfaktoren im Laufe der Optimierung immer wieder angepasst werden mussten, da deren Auswirkungen zu Beginn nur schwer überschaubar waren. Wie bei Pierret (2005) basiert die Optimierung zunächst ausschließlich auf CFD-Simulationen und das optimierte Design wird erst am Ende auf seine Festigkeit überprüft. Aufgrund einer zweifachen Überschreitung der zulässigen Spannungen führt dieses Vorgehen auch hier nicht zum Ziel. Durch die Integration eines FEM-Solvers in die Prozesskette wird eine „Hürde“ für alle weiteren erzeugten Designs errichtet, die erst bei mechanischer Integrität für die CFD-Bewertung zugelassen werden. Die Kopplung beider Solver führt zu einer Verschlechterung des anfangs erreichten aerodynamischen Optimierungsergebnisses. Die numerischen Resultate werden am Prüfstand im Wesentlichen bestätigt. Es zeigen sich allerdings Unterschiede im Druckverhältnis, was darauf zurückgeführt wird, dass in der Simulation nur das Laufrad betrachtet wurde und sich die Bilanzierungsebenen von denen der Messung unterscheiden.

Roclawski et al. (2012) stellen eine multidisziplinäre Mehrzieloptimierung einer ATL-Mixed-flow Turbine unter Berücksichtigung von zwei Betriebspunkten vor. Diese werden mit Hilfe einer instationären CFD-Simulation mit Randbedingungen aus einer Ladungswechselsimulation bei $n_M = 1500\, min^{-1}$ und Volllast bestimmt. Mit Hilfe einer Laufzahl-Häufigkeitsverteilung auf Basis des zeitlichen Anteils werden die Laufzahlen $u/c_s = 0{,}35$ und $u/c_s = 0{,}7$ ausgewählt. Sie entsprechen in etwa den ermittelten Extremwerten während des betrachteten Abgaspulses. Als Optimierungsziele werden Wirkungsgrad und Massenträgheitsmoment betrachtet und hierzu ein Schaufelsegment berechnet. Die Parametrisierung des Turbinenrades erfolgt über kubische Splines für den Meridianschnitt. Der Profilschnitt für die Nabenkontur wird über den Schaufelwinkelverlauf der Skelettlinie und dem zugehörigen Dickenverlauf über Bézier-Kurven definiert. Hierauf basierend werden aus Festigkeitsgründen die Skelettlinien der darüber liegenden Profilschnitte entsprechend der Bedingung zur Einhaltung der radialen Faser berechnet. Die Dickenverteilung von Nabe zu Gehäuse erfolgt durch parametergesteuerte Funktionen. Durch Variation des Kegelwinkels im Bereich $0° \leq \lambda_{LE} \leq 60°$ ist ein weiter Bereich für Mixed-Flow Turbinen bis hin zur Radialturbine abgedeckt, wobei die Schaufelanzahl nicht variiert wird. Für jede erzeugte Turbinengeometrie soll der gleiche Betriebspunkt (Laufzahl, Massenstrom, Druckverhältnis) gelten, was über eine variable Einstellung des absoluten Anströmungswinkels und der ATL-Drehzahl gewährleistet wird. Für die Versuchsplanung wird ein stochastisch generierter DoE-Plan aus 200 Designs nach dem Sobol-Algorithmus erzeugt, um eine optimierte Gleichverteilung der Experimente zu erhalten. Anschließend werden Metamodelle für die Zielgrößen mit Hilfe von neuronalen Netzwerken erstellt, deren Genauigkeit sich jedoch außerhalb des „angelernten“ Bereichs deutlich verschlechtert, wo sich auch die prognostizierten pareto-optimalen Designs befinden. Darauf aufbauend wird eine zeitaufwändigere Optimierung über CFD- und Modalanalysen zur genaueren Abbildung der Pareto-Front von dem Turbinenwirkungsgrad und dem Massenträgheitsmoment durchgeführt. Korrelationen zwischen Geometrieparametern und Zielgrößen zeigen, dass sowohl der Wirkungsgrad in beiden Betriebspunkten, als auch das Massenträgheitsmoment stark vom Kegelwinkel abhängig sind. Radialturbinen liefern demnach die höchsten Wirkungsgrade. Bezogen auf das transiente Verhalten besitzt das Mixed-flow Turbinenraddesign jedoch das Potenzial, diesen Nachteil durch eine deutliche Reduzierung des Massenträgheitsmoments zu überkompensieren.

Letztlich ist eine wohl überlegte Parametrisierungsstrategie für eine erfolgreiche Optimierung entscheidend, wie Verstraete (2010) anhand einer Axialturbinenschaufel und einem Radialverdichterrad zeigt. Dazu sollte die Anzahl der Parameter und ihr Variationsbereich minimiert werden und gleichzeitig eine ausreichende Flexibilität des Modells gewährleistet sein, um das globale Optimum repräsentieren zu können. In Verbindung mit Metamodellen sollten die Designparameter in ihrer Variation möglichst lineare Zusammenhänge mit der Zielgröße bilden, da hochgradig nichtlineare Zusammenhänge von gängigen Metamodellen (Kriging, RBF, ANN, Polynom-Regression) schlechter erkannt und abgebildet werden. Die gemeinsame Grundlage beider Anwendungen bildet, wie bei Van den Braembussche (2006), die geometrische Beschreibung mit Bézier-Kurven. Diese werden über Kontrollpunkte definiert und können je nach ihrer Ordnung unterschiedlich komplex werden. Die Definition der Axialturbinenschaufel setzt sich dabei aus drei äquidistanten Profilschnitten zusammen, deren Stapelung durch ihren Schwerpunkt erfolgt. Die Basis eines Schaufelprofils bildet die Skelettlinie, welche von der axialen Sehnenlänge, dem Anstellwinkel und dem Eintritts- und Austrittswinkel an Schaufelvorderkante (LE) und Schaufelhinterkante (**T**railing **E**dge) definiert wird. Entlang der Skelettlinie werden Saug- und Druckseite über Abstandsmaße unabhängig voneinander parametrisiert, wobei für die Druckseite weniger Kontrollpunkte genutzt werden. Die Parametrisierung des Verdichterrades erfolgt im Meridianschnitt über die Definition der Kontrollpunkte für Naben- und Gehäusekontur sowie der Position der Vorder- und Hinterkante. Sollen die Räder flankenfräsbar sein, ist die Schaufeldefinition auf Nabe und Gehäuse limitiert. Hierzu wird die Skelettlinie über eine Schaufelwinkelverteilung entlang der meridionalen Länge an äquidistanten Positionen definiert und durch Vorgabe einer entsprechenden Dickenverteilung ein symmetrischer Profilschnitt erzeugt. Die Anordnung der Profilschnitte zueinander kann über eine Variation der Umfangsposition erfolgen, wodurch die Neigung der Schaufelvorderkante (lean) sowie die Neigung der Hinterkante (rake) zur meridionalen Ebene definiert wird.

4 Numerische Strömungssimulation

Die CFD-Simulation ermöglicht eine Bewertung und Analyse strömungsführender Bauteile in verhältnismäßig kurzer Zeit, auch wenn diese nur virtuell in Form von CAD-Daten vorliegen. Die Qualität der abgeleiteten Aussagen und die benötigte Simulationszeit hängen jedoch stark von der Modellierungsgenauigkeit ab. Im Folgenden wird die verwendete numerische Modellierung näher erläutert. Es wird dabei verzichtet, auf die Grundlagen der numerischen Strömungssimulation einzugehen. Diesbezüglich sei auf die Literatur verwiesen, insbesondere Schlichting und Gersten (2006), Spurk und Aksel (2006), Ferziger und Peric (2008) sowie Rotta (2010).

4.1 CFD-Modell

Als Strömungslöser wird die Software ANSYS CFX 14.0 verwendet. Die Turbulenzmodellierung für die **R**eynolds-**A**veraged **N**avier-**S**tokes Gleichungen (RANS) erfolgt über das Shear Stress Transport Modell mit automatischer Wandbehandlung (Menter et al. 2003), was dem Stand der Technik bei industriellen CFD-Anwendungen mit aerodynamischem Fokus entspricht. Es vereinigt die Vorteile der beiden Zwei-Gleichungsmodelle k-ω und k-ε, in Bezug auf die Genauigkeit der Turbulenzmodellierung von wandnaher und wandferner Strömung.

Die Approximation der RANS-Differentialgleichungen basiert auf dem Finite-Volumen-Verfahren, bei dem die Erhaltungsgleichungen in ihrer Integralform durch Summen ersetzt werden. Die Lösung der räumlich diskretisierten Gleichungen erfolgt über das sogenannte High-Resolution Verfahren, welches bis zur zweiten Ordnung genau ist. Aus Gründen der numerischen Stabilität reduziert dieses Verfahren seine Ordnung automatisch, falls große lokale Strömungsgradienten Oszillationen in der Lösung anfachen. Diese werden dann durch das lokal verwendete Diskretisierungsverfahren erster Ordnung gedämpft. Die zeitliche Diskretisierung sollte bei stationären Rechnungen einen Kompromiss aus benötigter Rechenzeit und Genauigkeit der Lösung darstellen und wird in dieser Arbeit mit

$$\Delta t = \frac{10}{\omega_{ATL}} \tag{4.1}$$

in Abhängigkeit der Winkelgeschwindigkeit des Turbinenrades gewählt (siehe Abschn. 4.2). Da ANSYS CFX zeitlich implizit löst, darf die Courant-Zahl C als charakteristische Konvektionszeit

$$C = \frac{u\Delta t}{\Delta x} \tag{4.2}$$

Werte von $C > 1$ annehmen. Abb. 4.1 zeigt das CFD-Modell der ATL-Turbine, bestehend aus den separat vernetzten Bereichen

- **i**ntegrierter **A**b**g**as**k**rümmer (IAGK),
- Spiralgehäuse (Volute),
- Turbinenrad,
- Radseitenraum (verdeckt in der gewählten Ansicht) und
- Abströmgehäuse mit Abströmrohr,

welche über ein General Grid Interface miteinander verbunden sind. Für die Validierung mit Messungen am Heißgasprüfstand wird der IAGK durch ein gerades Rohr mit den dazu passenden Abmessungen ersetzt.

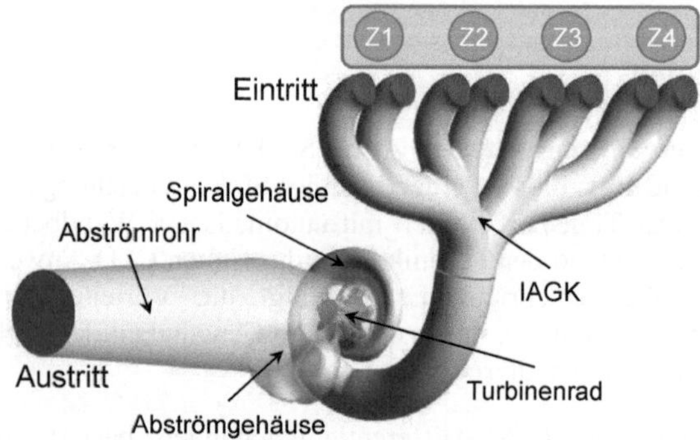

Abb. 4.1: CFD-Modell der ATL-Turbine

Abgesehen vom Turbinenrad werden alle Gitter mit ANSYS Meshing unstrukturiert aus Tetraedern und Prismen erzeugt. Letztere werden für die Auflösung der Grenzschicht verwendet. Das Turbinenrad, als zentrales Optimierungsobjekt, wird mit ANSYS Turbogrid hexaedrisch strukturiert vernetzt. Abb. 4.2 zeigt dazu die Gitter für das Spiralgehäuse und für die Turbine.

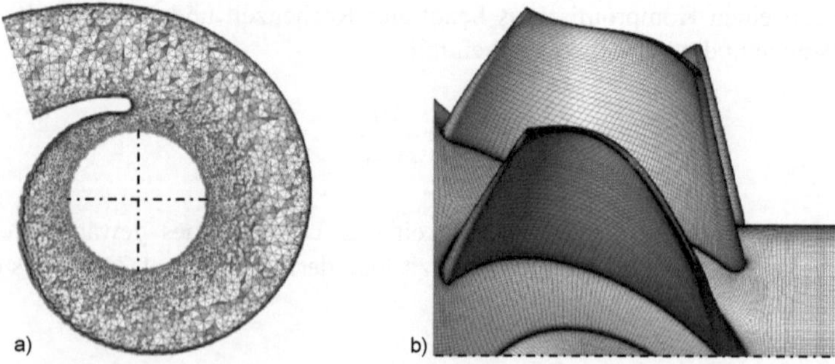

Abb. 4.2: Rechengitter
a) Spiralgehäuse (Schnittdarstellung) b) Turbinenrad (Oberflächengitter)

Zur Auflösung der Grenzschicht wird für jedes Gitter ein mittlerer dimensionsloser Wandabstand $\overline{y^+} < 5$ realisiert. Zusätzlich werden lokale Maximalwerte $y^+_{max} < 10$ eingehalten. Darüber hinaus gelten für die erzeugten Rechennetze die folgenden Qualitätskriterien:

- Orthogonalität eines Zellelements (> 20°),
- Faktor für das zulässige Zellwachstum (< 20),
- Seitenverhältnis für die Stauchung eines Elements (< 500).

Detaillierte Informationen zu Auflösung und Qualität der Gitter können Tab. A.1 entnommen werden.

Das Turbinenrad wird als 360°-Vollrotor vernetzt und die Relativbewegung zwischen Gehäuse und Turbine mit einem Frozen-Rotor-Ansatz modelliert, was eine stationäre Berechnung mit großem Zeitschritt ermöglicht. Hierbei befindet sich das Turbinenrad in einer festen Relativposition zum Gehäuse. Die Drehbewegung des Turbinenrades wird über ein rotierendes Koordinatensystem simuliert und somit die Relativbewegung zwischen der Strömung und dem Rotor realisiert. Schnückel (2013) zeigt, dass das Frozen-Rotor-Modell nach einer Mittelung von verschiedenen Relativpositionen zwischen Turbinenrad und Gehäuse zu sehr ähnlichen Ergebnissen führt, wie eine zeitlich gemittelte transiente Simulation mit rotierendem Turbinenradgitter. Das verwendete Modell bietet eine erhebliche Zeitersparnis gegenüber dem transienten Sliding Mesh Interface und eine deutliche Genauigkeitssteigerung gegenüber dem Stage-Interface (vgl. Abb. A.1), welches die Verwendung von nur einem Schaufelsegment unter Weitergabe von umfangsgemittelten Transportgrößen vorsieht. Der Vorteil des Stage-Interfaces liegt in der lösungsunabhängigen Positionierung des Schaufelsegments und der zur Schaufelanzahl umgekehrt proportionalen Reduzierung von Gitterknoten. Allerdings sollte bei axial-asymmetrischen Problemen, z.B. bei der Verwendung eines Spiralgehäuses, von der Nutzung eines Interfaces dieses Typus' abgesehen werden (ANSYS Inc. 2013).

4.2 Fehlerbetrachtung

Experimentelle Versuchsergebnisse werden im Wesentlichen von systematischen Fehlern, z.B. durch ein falsch kalibriertes Messinstrument oder eine fehlplatzierte Messposition, aber auch von zufälligen Fehlern beeinflusst. Numerische Simulationen produzieren zwar keine statistischen Fehler, jedoch unterliegen auch sie verschiedenen systematischen Fehlerquellen, wie dem

- Modellfehler,
- Diskretisierungsfehler und dem
- Iterationsfehler.

Als Modellfehler werden Fehlerquellen zusammengefasst, welche sich aus Vereinfachungen bei der Modellierung physikalischer Phänomene ergeben, die oftmals der Verkürzung der Rechenzeit dienen sollen. Mit der Verwendung eines Turbulenzmodells ergeben sich allerdings nur schwer zu quantifizierende Unsicherheiten. Schnückel (2013) vergleicht dazu Ergebnisse einer CFD-Simulation und einer LDA-Messung für die Abströmung einer ATL-Radialturbine und leitet anhand der Unterschiede eine relative Unsicherheit

$$u_x = \frac{\Delta x}{x_{ref}} \tag{4.3}$$

für die Turbinenleistung P_T von $u_{P_T} \approx 0{,}4\%$ ab. Da diese Größenordnung den kumulierten Wert aus den übrigen Fehlerquellen der CFD-Simulation nicht übersteigt, wird die Unsicherheit aus der Turbulenzmodellierung für die integralen Zielgrößen als hinreichend gering betrachtet und von der folgenden Fehlerbetrachtung abgegrenzt.

Die Quantifizierung der folgenden Fehlerquellen wird für den Optimierungsbetriebspunkt T-BP1 (siehe Abschn. 4.4) durchgeführt. Für die Betrachtung des Frozen-Rotor-Ansatzes, als weiteren Vertreter der Modellfehler, zeigt Abb. 4.3 den Einfluss verschiedener Rotorstellungen der Referenzturbine auf den Wirkungsgrad und das Druckverhältnis.

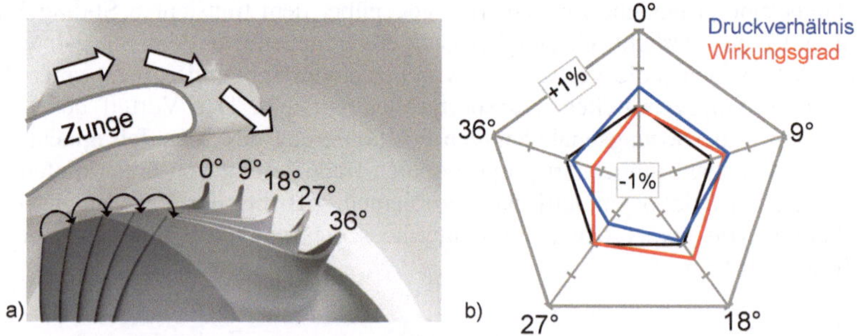

Abb. 4.3: Quantifizierung des Fehlers durch das Frozen-Rotor-Modell
a) Relativpositionen derselben Schaufel zum Spiralgehäuse
b) rel. Auswirkung auf Druckverhältnis und Wirkungsgrad im Betriebspunkt T-BP1

Es ergibt sich eine relative Unsicherheit $u_{\Pi_{ts}}$ von $\pm\,0{,}29\%$ für das Druckverhältnis Π_{ts} nach Gl. (3.5) und eine relative Unsicherheit $u_{\eta_{p,T}}$ von $\pm\,0{,}32\%$ für den polytropen Wirkungsgrad $\eta_{p,T}$, welcher mit Hilfe des Polytropenexponenten

$$n = \frac{ln\left(\frac{p_{tot,ein,T}}{p_{aus,T}}\right)}{ln\left(\frac{T_{aus,T}}{T_{tot,ein,T}}\right) + ln\left(\frac{p_{tot,ein,T}}{p_{aus,T}}\right)} \tag{4.4}$$

gemäß

$$\eta_{p,T} = \frac{P_T}{P_{p,T}} = \frac{\dot{m}_T c_{p,T}\left(T_{tot,ein,T} - T_{tot,aus,T}\right)}{\dot{m}_T R T_{tot,ein,T} \frac{n}{n-1}\left(1 - \left(\frac{p_{aus,T}}{p_{tot,ein,T}}\right)^{\frac{n-1}{n}}\right)} \tag{4.5}$$

definiert ist und auch als Zielgröße für die Optimierungssimulationen in Kap. 6 verwendet wird.

Modellfehler resultieren auch aus Geometriemodifikationen, welche aus Gründen der Gitterqualität sowie der erforderlichen Robustheit bei der Gittergenerierung notwendig sind. So findet der Rundungsradius zwischen der Nabenkontur und der Schaufel in der CFD-Simulation keine Berücksichtigung. Der geometrische und vernetzungstechnische Unterschied ist Abb. A.2 zu entnehmen. Wird der Rundungsradius am Schaufelfuß vernachlässigt, resultiert dies in einem niedrigeren Wirkungsgrad, welcher entlang einer Kennlinie zu einem annähernd konstanten Offset führt (Abb. A.3). Für den Betriebspunkt T-BP1 beträgt die relative Unsicherheit für das Druckverhältnis $u_{\Pi_{ts}} = \pm\, 0{,}36\%$ und für den polytropen Wirkungsgrad $u_{\eta_{p,T}} = \pm\, 0{,}95\%$. Es ist zu berücksichtigen, dass dieser Vergleich zwangsläufig auf Gittern von deutlich unterschiedlicher Netzqualität beruht (Tab. A.2) und die ermittelte Unsicherheit somit das Ergebnis einer Überlagerung zweier Fehlerquellen ist.

Die Wandbehandlung in CFD-Modellen stellt eine weitere Modellfehlerquelle dar. Die Wände werden als adiabat und ideal glatt modelliert, was die Berücksichtigung von Wärmeübertragung und Rauheitseinflüssen ausschließt. Ebenso werden Fluid-Struktur-Interaktionen aus Komplexitätsgründen nicht berücksichtigt, sodass Modellfehler aufgrund von betriebsbedingten Dehnungen und Verformungen thermischer oder auch thermo-mechanischer Natur entstehen. Ein Beispiel stellt hierfür das reale Spaltmaß zwischen Turbinenrad und Gehäuse dar. Des Weiteren führen Fertigungstoleranzen der Gussteile zu Abweichungen von der idealen CAD-Geometrie und damit auch von dem CFD-Modell, wodurch eine zusätzliche systematische Unsicherheit zwischen der Simulation und der Messung entstehen kann.

Eine andere Art der numerischen Fehler stellt der Diskretisierungsfehler dar. Als solcher wird der Unterschied zwischen der exakten Lösung der Erhaltungsgleichungen und der exakten Lösung ihrer diskreten Approximation bezeichnet. Für eine Fehlerabschätzung werden die räumliche und die zeitliche Diskretisierung einer Unabhängigkeitsstudie unterzogen. Abb. 4.4 zeigt den Einfluss der zeitlichen Diskretisierung auf die benötigte Anzahl von Iterationen zur Erlangung einer Konvergenz von integralen Zielgrößen, wie dem Wirkungsgrad $\eta_{p,T}$ und dem Druckverhältnis Π_{ts}. Die Differenzen zwischen den konvergierten Zielgrößen liegen bei Simulationsende in einer Größenordnung von 10^{-5}. Derartig geringe Unterschiede sind lediglich auf numerisches Rauschen zurückzuführen. Als Resultat der Untersuchung der Zeitschrittweite wird für die stationären Simulationen der mittlere Zeitschritt dt_{10} gewählt, da dieser im Vergleich zum Zeitschritt dt_{100} zu ähnlich schneller Konvergenz führt und zudem eine höhere Robustheit im linearen Lösungsverfahren aufweist.

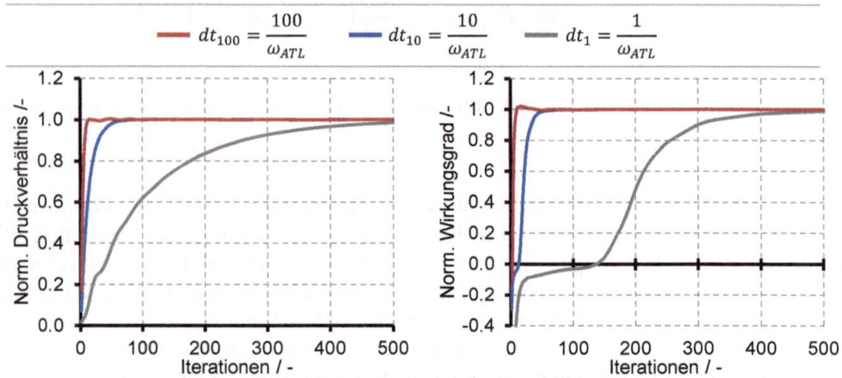

Abb. 4.4: Einfluss der zeitlichen Diskretisierung auf die benötigten Iterationen zur Erreichung einer konvergierten Lösung für den Betriebspunkt T-BP1

Der Einfluss der räumlichen Diskretisierung des Turbinenrades wirkt sich bei den angestellten Untersuchungen außer auf die benötigte Rechenzeit auch auf die Genauigkeit der Lösung aus, wie Abb. 4.5 zeigt. Es werden drei Gitter unterschiedlicher Feinheit für das Turbinenrad untersucht, wobei die Anzahl der Zellen von Netz zu Netz jeweils verdoppelt wird. Um einen gleichmäßigen Übergang zwischen den Rechennetzen beizubehalten, werden die anliegenden Gitter für Volute und Abströmgehäuse der jeweiligen Netzfeinheit angepasst.

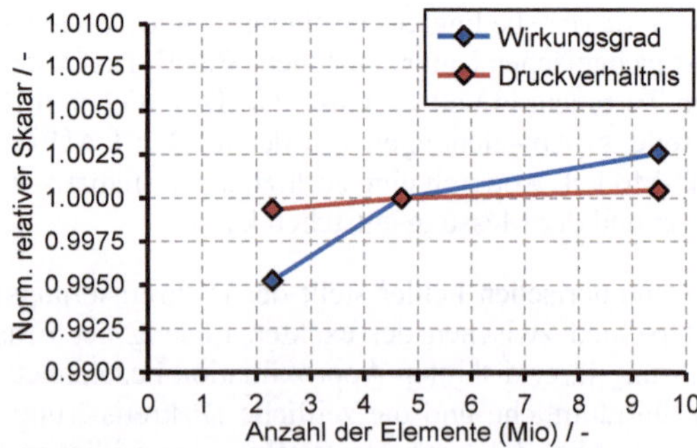

Abb. 4.5: Netzstudie des Turbinenrades für den Betriebspunkt T-BP1

Die Skalare beider Zielgrößen nehmen mit der Anzahl der Zellen stetig zu, wobei ein Trend zur Netzunabhängigkeit erkennbar ist. Es ist zulässig, anzunehmen, dass der Diskretisierungsfehler für das feinste Gitter mit knapp 10 Millionen Elementen im Turbinenrad verschwindend gering ist und so folgt für das Netz mittlerer Feinheit eine

Unsicherheit $u_{\Pi_{ts}}$ von $\pm$ 0,04% bzw. eine Unsicherheit $u_{\eta_{p,T}}$ von $\pm$ 0,26%. Letztlich muss ein Kompromiss zwischen Genauigkeit und Rechenaufwand gefunden werden, was für die Verwendung des mittleren Rechengitters spricht.

Schließlich wird der Iterationsfehler betrachtet. Dieser ergibt sich aus der Abweichung der exakten von der iterativen Lösung der diskretisierten Gleichungen. Nach Ferziger und Peric (2008) führt eine Reduzierung der normierten Residuen um eine bestimmte Größenordnung auch zu einer Reduzierung des Iterationsfehlers um diese Größenordnung. In der Regel werden für die in dieser Arbeit durchgeführten Simulationen **R**oot-**M**ean-**S**quare Residuen von $R_{RMS} < 10^{-4}$ erreicht. Der gewählte Zeitschritt gewährleistet ein konstantes Niveau der Residuen und Zielgrößen nach spätestens 500 Iterationen (Abb. A.4). Zur Abschätzung des noch vorhandenen Iterationsfehlers wird die Anzahl der Rechenschritte vervierfacht und die Zielgrößen bei Simulationsende mit dem Zwischenergebnis bei 500 Iterationen verglichen. Dem Konvergenzverlauf kann entnommen werden, dass der Iterationsfehler einen Wert in der Größenordnung der RMS-Residuen annimmt und demzufolge verschwindend gering ist.

Aus der Fehlerbetrachtung ergibt sich zusammenfassend eine kumulierte relative Unsicherheit $u_{\Pi_{ts}}$ von $\pm$ 0,69% und eine kumulierte relative Unsicherheit $u_{\eta_{p,T}}$ von $\pm$ 1,53%. Für Vergleichsrechnungen, wie bei einem Optimierungsprozess, stellt die Reproduzierbarkeit der CFD-Ergebnisse eine höhere Bedeutung dar als die absolute Unsicherheit. Diese fällt deutlich geringer aus, da sich die systematischen Fehlerquellen auf vergleichbare Simulationsmodelle ähnlich auswirken. Hingegen kann die Differenz zwischen CFD-Simulation und Messung deutlich größer ausfallen als nach den ermittelten Unsicherheiten zu erwarten wäre. Dies ist auf die bereits genannten Gründe von schwierig zu quantifizierenden Modellfehlern und der zusätzlichen Messunsicherheit des Prüfstands zurückzuführen. Letztere ist in A.3 dokumentiert.

4.3 Modellvalidierung

Das CFD-Modell wird anhand von Messungen an einem ATL-Heißgasprüfstand validiert. Um das Turbinenkennfeld möglichst vollständig in einem erweiterten Messbereich abdecken zu können, wird der Prüfstand in einem geschlossenen Verdichterkreislauf betrieben (Abb. A.5). Die Messergebnisse liefern die Randbedingungen für die CFD-Simulation. Vorgegeben werden die ATL-Drehzahl n_{ATL}, der Abgasmassenstrom $\dot{m}_T$ und die Totaltemperatur $T_{tot,ein,T}$ am Inlet und der statische Druck $p_{aus,T}$ am Outlet. Die Stoffwerte des simulierten Fluides werden dem Abgas der Brennkammer vom Heißgasprüfstand entnommen. Es werden für drei reduzierte Drehzahlen

$$n_{red} = \frac{n_{ATL}}{\sqrt{T_{tot,ein,T}}} \tag{4.6}$$

der reduzierte Massenstrom

$$\dot{m}_{red} = \frac{\dot{m}_T \sqrt{T_{tot,ein,T}}}{p_{tot,ein,T}} \tag{4.7}$$

sowie der isentrope Wirkungsgrad

$$\eta_{s,T} = \frac{P_T}{P_{s,T}} = \frac{\dot{m}_T \cdot \overline{c_{p,T}} \cdot \left(T_{tot,ein,T} - T_{tot,aus,T}\right)}{\dot{m}_T \cdot \overline{c_{p,T}} \cdot T_{tot,ein,T}\left[1 - \left(\frac{1}{\Pi_{ts}}\right)^{\frac{\kappa-1}{\kappa}}\right]} = \frac{1 - \frac{T_{tot,aus,T}}{T_{tot,ein,T}}}{1 - \left(\frac{1}{\Pi_{ts}}\right)^{\frac{\kappa-1}{\kappa}}} \tag{4.8}$$

mit der mittleren spezifischen Wärmekapazität $\overline{c_{p,T}}$ und dem Isentropenexponenten κ ermittelt und den Messwerten gegenübergestellt. Da die Messung nur einen Aufschluss über den mechanisch-kombinierten Wirkungsgrad der Turbine

$$\eta_{s,T} \cdot \eta_{m,ATL} = \frac{P_V}{P_{s,T}} \tag{4.9}$$

aus dem Verhältnis der gemessenen Verdichterleistung

$$P_V = \dot{m}_V \cdot c_{p,V} \cdot \left(T_{tot,aus,V} - T_{tot,ein,V}\right) \tag{4.10}$$

und der isentropen Turbinenleistung $P_{s,T}$ liefert, ist ein direkter Vergleich mit dem adiabaten isentropen Wirkungsgrad aus der Simulation nicht möglich. Über den Vergleich der relativen Unterschiede zwischen den berechneten und den gemessenen Kennlinien beider Wirkungsgrade kann aber sehr wohl eine Aussage über die Übereinstimmungsgüte getroffen werden. In Abb. 4.6 werden die Ergebnisse der Simulation und der Messung gegenübergestellt.

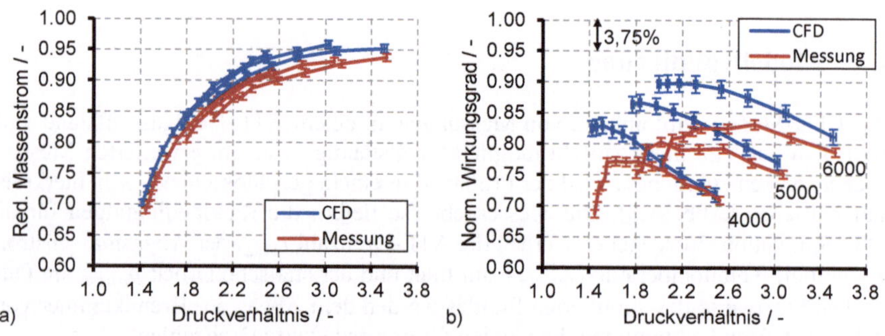

Abb. 4.6: Vergleich von Simulation und Messung für die reduzierten Drehzahlen $n_{red} = 4000$, 5000 und 6000 $\text{min}^{-1}\cdot\text{K}^{-0,5}$ bei $T_{tot,ein,T} = 600°C$
a) Durchsatzverhalten
b) Isentroper und mechanisch-kombinierter Wirkungsgrad (normiert)

Das Durchsatzverhalten der CFD-Simulation weist im Vergleich zur Messung bei gleichen Massenstromrandbedingungen ein um 2-3% geringeres Druckverhältnis auf, was folglich zu einem höheren Schluckvermögen führt. Diese Differenz deutet auf einen oder mehrere sich überlagernde systematische Fehler hin, welche bereits diskutiert wurden. Dennoch ist die Übereinstimmung von Messung und Simulation ausreichend genau, sodass schwerwiegende Fehler ausgeschlossen und die strömungsmechanische Modellierung für den Optimierungsprozess verwendet werden kann. Das Wirkungsgradverhalten zeigt charakteristische Ähnlichkeiten im Verlauf zwischen den berechneten und gemessenen Kennlinien, wobei der Unterschied der Wirkungsgrade je Drehzahl mit der Steigerung des Druckverhältnisses bzw. des Massenstroms kontinuierlich abnimmt. Es ist zu vermuten, dass bei geringem Enthalpiegefälle Wärmeströme und Reibungsverluste einen größeren relativen Einfluss auf die Messergebnisse haben. Dadurch könnten die größeren Unterschiede bei kleinen Druckverhältnissen jeder Kennlinie zwischen dem mechanisch-kombinierten Wirkungsgrad der Messung und dem adiabaten isentropen Wirkungsgrad der CFD-Simulation erklärt werden.

4.4 Ermittlung der Optimierungsbetriebspunkte

Aus dem hochgradig instationären Verhalten von ATL-Turbinen im Motorbetrieb stellt sich die Frage nach geeigneten Randbedingungen für stationäre Optimierungssimulationen. Für deren Festlegung wird die transiente Turbinenströmung während eines Arbeitsspiels für zwei relevante Motorbetriebspunkte berechnet. Betrachtet werden hierzu bei einer Motordrehzahl n_M von $1500\ min^{-1}$ der Betriebspunkt der stationären Volllast (M-BP1) sowie ein Betriebspunkt, der während eines Lastsprungs passiert wird (M-BP2). Da ein Arbeitsspiel bei einer Motordrehzahl von $1500\ min^{-1}$ im Vergleich zur Dauer des Lastsprungs in sehr viel kürzerer Zeit durchlaufen wird, können die transienten Motorrandbedingungen für einen Zeitpunkt während des Hochlaufs auf einen stationären Betriebspunkt übertragen und für die CFD-Simulation der Turbine herangezogen werden. Als Auswahlkriterium für diesen Motorbetriebspunkt wird das Erreichen von ca. 50% der ATL-Zieldrehzahl gewählt. Abb. 4.7 kennzeichnet die beiden Betriebspunkte in den Dynamikmessungen am Motorprüfstand.

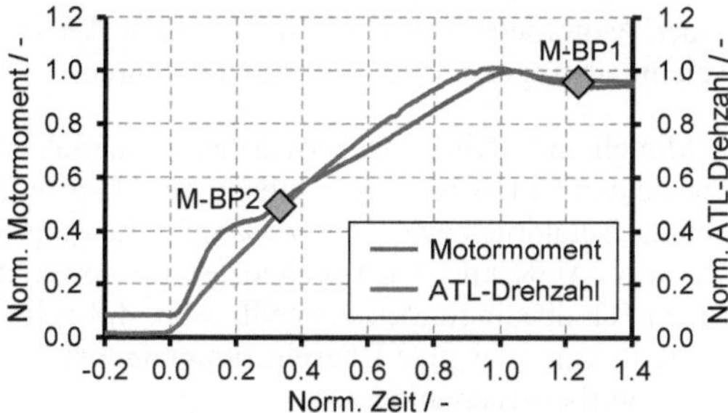

Abb. 4.7: Motorprüfstandsmessung: Aufbau des Moments und der ATL-Drehzahl während eines Lastsprungs bei $n_M = 1500\ min^{-1}$ | Kennzeichnung von M-BP1 u. M-BP2

Zur Bestimmung der dazugehörigen Turbinenbetriebspunkte wird für die gewählten Motorbetriebspunkte jeweils eine 1D-Ladungswechselsimulation mit der Software GT-Power von Gamma Technologies Inc. durchgeführt, deren Modelle für die stationäre Volllast (M-BP1) und den Lastsprung (M-BP2) mit Hilfe vorhandener Motormessungen abgeglichen wurden. Ein Resultat der 1D-Simulation ist u. a., dass die ATL-Drehzahl während eines Arbeitsspiels näherungsweise konstant bleibt. Für die ausgewählten Motorbetriebspunkte beträgt diese:

- $n_{ATL,\,M-BP1} = 173000 \pm 2100\, min^{-1}$,
- $n_{ATL;\,M-BP2} = 84000 \pm 1150\, min^{-1}$.

Für das in Abb. 4.1 dargestellte CFD-Modell werden weitere Randbedingungen der 1D-Ladungswechselsimulation entnommen. Am Inlet jedes Auslasskanals Z1 – Z4 werden die instationären Verläufe für Massenstrom und Temperatur und am Outlet der Verlauf des statischen Austrittsdrucks verwendet (Abb. A.6).

Die CFD-Simulation umfasst zwei vollständige Arbeitsspiele, die mit einem Zeitschritt aufgelöst werden, der einem Fortschritt des Kurbelwinkels $\Delta\varphi = 0{,}5\ °KW$ von entspricht. Ausgehend von einer stationären Startlösung wird der erste Zyklus zum Einschwingen der transienten Strömung und der zweite Zyklus zur Auswertung genutzt. Insgesamt werden für eine transiente Simulation 14400 Iterationen durchgeführt, da für jede der insgesamt 2880 Zeitschritte fünf innere Iterationen benötigt werden, um ein zufriedenstellendes Konvergenzniveau zu erreichen. Die Rechnungsdauer beträgt bei einem Einsatz von 64 Prozessoren zweieinhalb Tage unter Verwendung des Frozen-Rotor-Modells. Die unterschiedlichen Zeitskalen zwischen ATL- und Motordrehzahl verhindern eine Simulation mit drehendem Turbinenrad, weil bereits die Auflösung des Fortschritts der Turbinenradrotation von $\Delta\varphi_{ATL} = 1°$ ein Zeitskalenverhältnis von

$$\frac{dt_{\Delta\varphi=0{,}5°}}{dt_{\Delta\varphi,\,ATL=1°}} = \frac{\frac{1}{1500\cdot 2\cdot 360}\cdot\frac{min}{°}}{\frac{1}{173000\cdot 360}\cdot\frac{min}{°}} \approx 58 \tag{4.11}$$

zur Folge hat. Für den Motorbetriebspunkt M-BP1 würde das zu einem Anstieg der Rechenzeit von zweieinhalb Tagen auf ca. fünf Monate führen.

Da das GT-Power-Modell mit Hilfe von Messdaten abgeglichen wurde, kann eine Überprüfung der transienten CFD-Ergebnisse anhand der 1D-Simulation erfolgen. Dazu wird der berechnete Totaldruck nach der Zusammenführung aller Auslasskanäle Z1 – Z4 am Flansch von IAGK und Turbinengehäuse ausgewertet, welcher sich gemäß der vorgegebenen Randbedingungen einstellt. Abb. 4.8 zeigt anhand des Totaldrucks am IAGK-Austritt eine sehr gute Übereinstimmung zwischen der 1D- und 3D-Simulation für beide Motorbetriebspunkte.

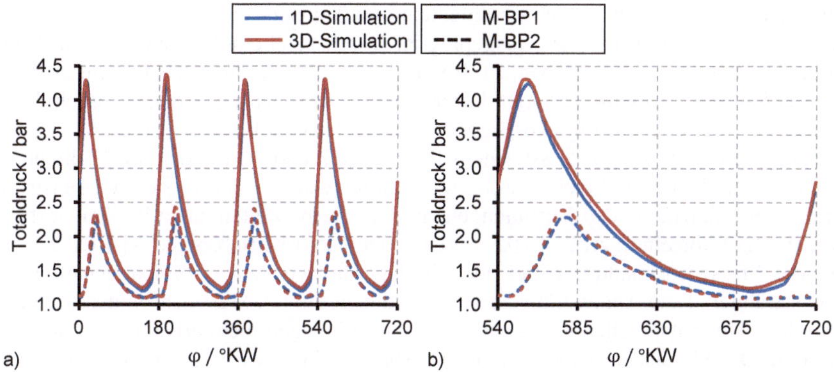

Abb. 4.8: Vergleich der berechneten Totaldrücke von 1D- und 3D-Simulation am Austritt des IAGK in den Motorbetriebspunkten M-BP1 und M-BP2

a) Verläufe während eines kompletten Arbeitsspiels ($\Delta\varphi = 720°KW$)

b) Betrachtung des letzten Ladungswechsels ($\Delta\varphi = 180°KW$)

Die diskontinuierliche Arbeitsweise des Motors führt zu einem zyklischen Befüllen und Entleeren der nachgeschalteten Volumina in der Abgasstrecke. Dies hat Phasenverschiebungen der Transportgrößen zur Folge, sodass eine Bilanzierung der Turbinenkenngrößen über das Gesamtsystem zu deutlichen Abweichungen von einem stationären Turbinenkennfeld führt. Erfolgt die Bilanzierung jedoch nur über dem Turbinenrad, zeigt sich ein quasi-stationäres Verhalten. Der wesentliche Grund hierfür liegt in dem vergleichsweise geringen Volumen, innerhalb welchem sich signifikante Phasenverschiebungen nicht ausbilden können. Abb. 4.9 stellt dazu das Durchsatzverhalten in einem Motorzyklus für jeden Zeitschritt dar. Während die Bilanzierung am Turbinenrad in beiden Betriebspunkten eine annähernd stationäre Kennlinie liefert, ergeben sich bei einer Bilanzierung über das gesamte Turbinengehäuse (ohne IAGK) auffällige Abweichungen hiervon.

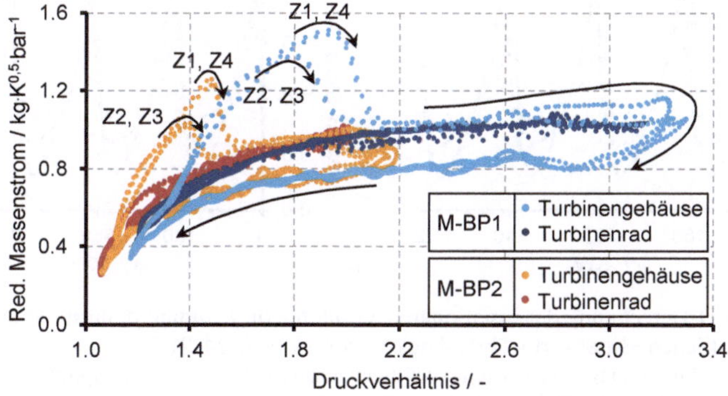

Abb. 4.9: Durchsatzkennfeld der Turbine während der Motorzyklen in M-BP1 und M-BP2

Ein spezieller Effekt der Phasenverschiebung von Transportgrößen in großen Volumina wird von den teilweise stark ausgeprägten Durchsatzüberhöhungen am Eintritt des Turbinengehäuses wiedergegeben. Zu Beginn jedes Ladungswechsels kommt es durch die Ventilüberschneidung zu einer kurzzeitigen Überlagerung zweier Ausschubvorgänge, die von der Zündfolge vorgegeben werden (vgl. Abb. A.6). Hierdurch ergeben sich zum Zeitpunkt des Auslass-Öffnens für Z1 und Z4 sowie für Z2 und Z3 die unterschiedlich stark ausgeprägten Durchsatzüberhöhungen, da der Gesamtmassenstromverlauf am Eintritt in das Turbinengehäuse zu dieser Zeit nicht mit dem dortigen Druckverlauf korreliert. Abb. 4.10a zeigt für den Motorbetriebspunkt M-BP1 den Effekt der Massenstromaddition bei der Überlagerung von zwei aufeinanderfolgenden Abgassträhnen. Eine Abgassträhne beinhaltet den gesamten Massenstromausstoß eines Zylinders. Der entsprechende Druckverlauf wird hingegen nicht erkennbar additiv beeinflusst. Die Massenstromaddition zweier Abgassträhnen wird zudem verstärkt, wenn gemäß der Zündfolge auf einen kurzen Kanal (Z2 und Z3) die Durchströmung eines langen Kanals (Z1 und Z4) folgt. Die resultierende Überlagerung hängt von den unterschiedlichen Lauflängen ab. Somit können die voneinander abweichenden Massenstromverläufe erklärt werden, die den Zylindern Z1 und Z4 sowie Z2 und Z3 zugeordnet werden.

Abb. 4.10b zeigt den Zustand direkt vor dem Turbinenrad. Hier korrelieren Druck-, Massenstrom- und Temperaturverlauf deutlich besser als am Gehäuseeintritt und es sind nur noch schwache Auswirkungen aus der Massenstromaddition zweier Abgassträhnen vor dem Turbinenrad erkennbar. Folglich wirkt sich die Strähnigkeit auch nur geringfügig auf das quasi-stationäre Kennfeld des Turbinenrades und die isentrope Turbinenleistung (Abb. A.7) aus. Aus diesem Grund erfolgt die Bestimmung der stationären Turbinenbetriebspunkte für die Optimierung direkt am Turbinenrad.

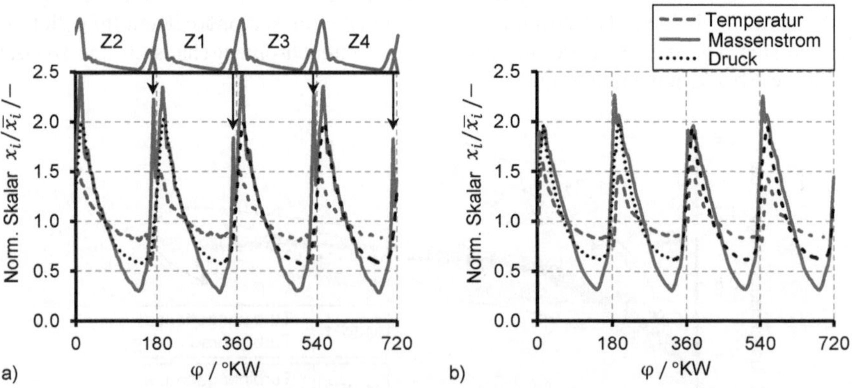

Abb. 4.10: CFD-Berechnung der instationären Verläufe von $T, \dot{m}$ und p, normiert auf ihren zeitlichen Mittelwert während des Motorzyklus in M-BP1

a) Auswertung am Eintritt des Turbinengehäuses (Flansch IAGK-Spiralgehäuse)
b) Auswertung direkt vor dem Turbinenrad

In dem weiten Arbeitsbereich der Turbine ist weniger ein hoher Spitzenwirkungsgrad von entscheidender Bedeutung als vielmehr die in einem Motorzyklus insgesamt aus dem Abgas extrahierte effektive Energie

$$W_{eff,T} = \int_{\varphi=0°}^{\varphi=720°} \eta_{s,T}(\varphi) P_{s,T}(\varphi) d\varphi \tag{4.12}$$

zum Antrieb des Verdichters. Anhand von Gl. (4.8) und Gl. (4.12) wird die Bedeutung hoher Turbinenwirkungsgrade bei großen Durchsätzen während eines Motorzyklus ersichtlich. Mit einer Zunahme des Abgasmassenstroms ist auch ein Anstieg der Eintrittstemperatur, der spezifischen Wärmekapazität und des Druckverhältnisses verbunden, was zu einem nichtlinearen Zusammenhang zwischen Massenstrom und isentroper Turbinenleistung führt (Abb. A.8). Die Ableitung der stationären Optimierungsrandbedingungen basiert deshalb auf einer Mittelung der momentan zur Verfügung stehenden isentropen Leistung des Turbinenrades und nicht auf einer zeitlichen Mittelung. Bei der Auswahl eines relevanten Betriebspunktes zeigen Szymko et al. (2005), dass insbesondere bei niedriger Motordrehzahl bzw. Pulsfrequenz eine zeitliche Mittelung nicht zielführend ist. Nach isentroper Betrachtung liefert die Integration über den Motorzyklus das dazugehörige leistungsgemittelte Energieangebot für die Turbine

$$\overline{W_{s,T}}^{P} = \int_{\varphi=0°}^{\varphi=720°} \overline{P_{s,T}}^{P}(\varphi)\, d\varphi = \int_{\varphi=0°}^{\varphi=720°} \frac{P_{s,T}(\varphi)^2}{P_{s,T}(\varphi)} d\varphi \approx \sum_{\varphi=0°}^{\varphi=720°} \frac{P_{s,T}(\varphi)^2}{P_{s,T}(\varphi)} \Delta\varphi. \tag{4.13}$$

Das Ergebnis dieser Mittelung wird in Abb. 4.11a anhand der Verläufe für die isentrope Turbinenleistung gezeigt. Die resultierenden Turbinenbetriebspunkte T-BP1 und T-BP2 sind in der überlagerten Darstellung der vier einzelnen Abgaspulse gekennzeichnet.

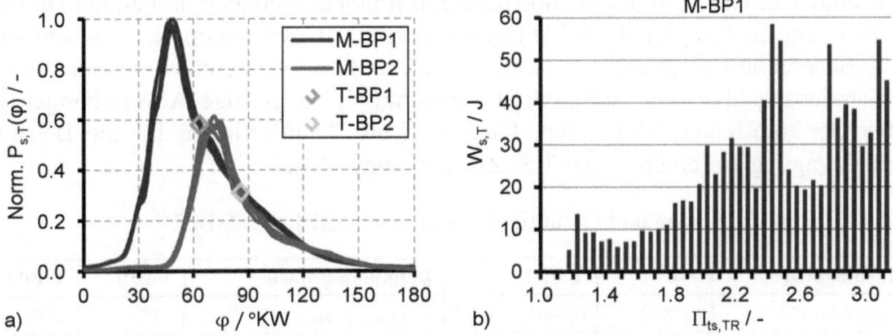

Abb. 4.11: Leistungs- und Energieangebot bei der pulsierenden Turbinenbeaufschlagung

a) Überlagerte Darstellung der norm. isentropen Turbinenleistung für jeden Abgaspuls und Kennzeichnung der Optimierungsbetriebspunkte T-BP1 und T-BP2
b) Isentropes Energieangebot während des M-BP1-Zyklus bezogen auf $\Pi_{ts,TR}$

Beispielhaft für den M-BP1-Zyklus ist in Abb. 4.11b das gesamte Energieangebot in einzelne Bereiche aufgeteilt, die den unterschiedlichen Druckverhältnissen des Turbinenrades $\Pi_{ts,TR}$ zugeordnet werden. Zur weiteren Analyse der Optimierungsbetriebspunkte ist in Abb. 4.12a deren Position im Turbinenkennfeld von M-BP1 und M-BP2 dargestellt. Außerdem können der Abb. 4.12b die massenstromgewichteten Strömungswinkel $\overline{\alpha_{ein}}$ und $\overline{\beta_{ein}}$ im zyklusgemittelten Verlauf entnommen werden. Während der absolute Strömungswinkel $\overline{\alpha_{ein}}$ durch die Auslegung der Volute bestimmt ist und für beide Motorbetriebspunkte einen relativ konstanten Verlauf mit $\overline{73{,}1°} \pm 3{,}5°$ zeigt, weist der relative Anströmungswinkel $\overline{\beta_{ein}}$ des Turbinenrades eine große Variation auf. In M-BP1 beträgt dieser $\overline{7{,}4°}\,^{+48{,}1°}_{-73{,}6°}$ und in M-BP2 $\overline{37{,}4°}\,^{+27{,}7°}_{-83{,}4°}$. Das höhere Niveau in M-BP2 ist in erster Linie auf die halbierte Umfangsgeschwindigkeit der Schaufelvorderkante u_{LE} zurückzuführen. Für die stationären Optimierungsbetriebspunkte ergeben sich $\overline{\beta_{ein,T-BP1}} = 51{,}5°$ sowie $\overline{\beta_{ein,T-BP2}} = 64{,}5°$.

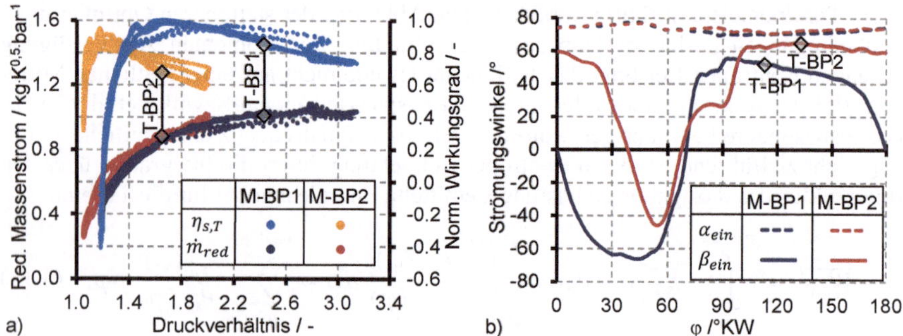

Abb. 4.12: Kennzeichnung der Optimierungsbetriebspunkte T-BP1 und T-BP2 in den Motorzyklen M-BP1 und M-BP2

a) Verläufe des red. Massenstroms und des norm. Turbinenwirkungsgrades

b) Verläufe der zyklusgemittelten Strömungswinkel α_{ein} und β_{ein}

Die für eine stationäre Simulation notwendigen Randbedingungen und einige Definitionsgrößen sind in Tab. 4.1 für beide Betriebspunkte zusammengefasst. Das stationäre Simulationsergebnis zeigt unter Verwendung dieser Randbedingungen bei einer erneuten Bilanzierung über das Turbinenrad vernachlässigbar geringe Abweichungen gegenüber der transienten Simulation. Dies wird als Rechtfertigung für die Betriebspunktübertragung auf einen stationären Zustand angesehen.

Tab. 4.1: Randbedingungen und Definitionsgrößen von T-BP1 und T-BP2

Randbedingungen	**T-BP1**	**T-BP2**		**Definitionsgrößen**	**T-BP1**	**T-BP2**
$\dot{m}_T / \, kg\, s^{-1}$	0,0857	0,0464		$n_{red} \, / \, min^{-1}K^{-0{,}5}$	4752	2389
$T_{tot,ein,T} \, / \, K$	1325	1238		$\Pi_{ts,TR} \, / \, -$	2,43	1,65
$p_{aus,T} \, / \, bar$	1,294	1,129		$\dot{m}_{red,TR} \, / \, kg\sqrt{K}bar^{-1}$	1,01	0,88
$c_p \, / \, Jkg^{-1}K^{-1}$	1319	1307		$\omega_{s,TR} \, / \, -$	0,65	0,39

5 Optimierungsprozess

Der Optimierungsprozess ist in Abb. 5.1 schematisch dargestellt. Hiermit wird der automatisierte Ablauf von der Erzeugung der Input-Datei (Parameterkombination) über die Generierung der Geometrie und Vernetzung bis hin zur Berechnung und Auswertung des Ergebnisses ermöglicht. Die ANSYS Workbench dient dabei als Kommunikationsplattform zwischen den hervorgehobenen Prozesspartnern.

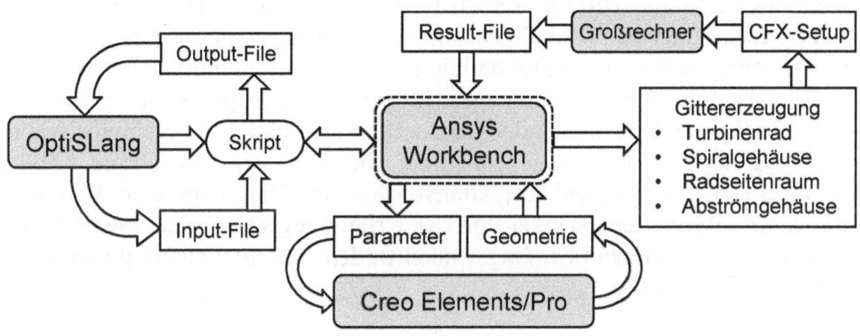

Abb. 5.1: Schematische Darstellung des Optimierungsprozesses

Der gesamte Durchlauf zur virtuellen Bewertung einer Geometrievariante (Experiment) wiederholt sich nach einem definierten Zeitintervall, welches einen Kompromiss aus größtmöglicher Parallelisierung und Berechnungs- bzw. Lizenzkapazitäten bildet. Die schleifenförmige Prozessstruktur ermöglicht neben der Berechnung von Versuchsplänen nach der DoE-Methode (Abschn. 5.2) auch eine direkte CFD-Optimierung, bei der die Erzeugung von Parameterkombinationen (Input-Datei) von einem Optimierungsalgorithmus auf Grundlage bereits vorhandener Informationen (Output-Datei) erzeugt wird. Diese Optimierungsmethode verzichtet auf eine Verwendung von mathematischen Ersatzmodellen, wodurch das Ergebnis der Optimierung auch nicht von deren Abbildungsqualität abhängig ist. Da der Algorithmus jedoch auf die Antwort des CFD-Solvers warten muss, sollte zur Beschleunigung der Konvergenz bereits ein Vorwissen über einflussreiche Parameter vorhanden sein, sodass der Suchraum soweit wie möglich reduziert werden kann. Daher kann auch eine Kombination beider Methoden zielführend sein.

5.1 Parametrisiertes Turbinenradmodell

Das Kernstück des Optimierungsprozesses bildet das parametrisierte Turbinenradmodell, welches mit der CAD-Software Creo Elements/Pro 5.0 entwickelt wurde. Dieses wird mit einem bei der Volkswagen AG bereits vorhandenen parametrisierten Spiralgehäuse kombiniert. Das Volutenmodell wird von Schnückel (2013) detailliert beschrieben und analysiert. Um die Freiheitsgrade des Turbinenrades nicht einschränken zu müssen, ist ebenfalls eine automatische geometrische Anpassung des Radseitenraums und des Abströmgehäuses notwendig, sodass ihre Abmessungen mit den Anschlussflächen am Turbinenradein- und austritt übereinstimmen. Der Aufbau des Tubinenrades basiert auf zweidimensionalen Konstruktionsskizzen. Zunächst wird in einer Ebene durch die Rotationsachse (r-z-Koordinaten) der Meridianschnitt definiert. Dazu erfolgt die Festlegung der Naben- und Gehäusekontur mit Hilfe von Bézierkurven dritter Ordnung über die Steuerung der Tangenten-Kontrollpunkte. Zusammen mit der Positionierung von Vorder- und Hinterkante der Schaufel sind die Ausmaße des Turbinenrades bestimmt. Hierfür werden insgesamt zwölf Parameter benötigt (Abb. 5.2a). Zur Beschreibung der dreidimensionalen Schaufelgeometrie innerhalb des nun festgelegten Ringraumes dienen drei definierte Schaufelschnitte in der Blade-to-Blade-Ebene (Θ-m'-Koordinaten), welche die Profilform an der Nabe (Span = 0), auf halber Schaufelhöhe (Span = 0,5) und an der Gehäusekontur (Span = 1) beschreiben. Die Parametrisierung in der Θ-m'-Ebene ermöglicht über eine winkelkonforme Abbildung auf die zweifach gekrümmten Projektionsflächen im Ringraum eine Vorgabe der Schaufelwinkel, welche unabhängig von der Krümmung der Projektionsflächen stets gültig bleiben. Zwischen dem Umfangswinkel Θ, dem Schaufelwinkel β und der reduzierten Meridiankoordinate

$$m' = \int_{m_{LE}}^{m_{TE}} \frac{dm}{r(m)} \tag{5.1}$$

besteht der Zusammenhang

$$d\Theta = \tan(\beta) dm' \tag{5.2}$$

mit

$$dm = \sqrt{dz^2 + dr^2}. \tag{5.3}$$

Die Druck- und Saugseite eines Profilschnitts werden mit Bézierkurven zweiter respektive dritter Ordnung erzeugt, welche tangential über die kreisförmige Ausführung von Vorder- und Hinterkante verbunden werden (Abb. 5.2b). Abweichend hierzu wird für den Profilschnitt am Gehäuse zur Reduzierung der Gesamtfaktoranzahl nur eine Skelettlinie nach der Saugseitendefinition mit einer Vorgabe der Dickenverteilung verwendet. Für die Optimierung wird eine konstante minimale Dicke festgelegt. Dieses Vorgehen erscheint zweckmäßig, da das Verhältnis aus Schaufelteilung zu Schaufeldicke an der Schaufelspitze im Allgemeinen so groß ist, dass aerodynamische Auswirkungen infolge einer Änderung der Schaufeldicke eher gering sind. Hingegen wirkt sich dort eine möglichst kleine Schaufeldicke sehr positiv auf die Werkstoffbelastung aufgrund reduzierter Zentrifugalkräfte und das Massenträgheitsmoment aus.

Es ergeben sich schließlich 23 Parameter zur Festlegung der Schaufelprofile und der Schaufelanzahl N_B. Das Turbinenrad wird somit von insgesamt 35 Parametern beschrieben, was eine hohe geometrische Flexibilität ermöglicht. Diese Parameter werden auch als Faktoren bezeichnet, wenn sie während der Optimierung nicht konstant, sondern variabel einstellbar sind. Die farbliche Unterscheidung in Abb. 5.2 kennzeichnet die Parameter anhand der von ihnen jeweils beeinflussten geometrischen Definition.

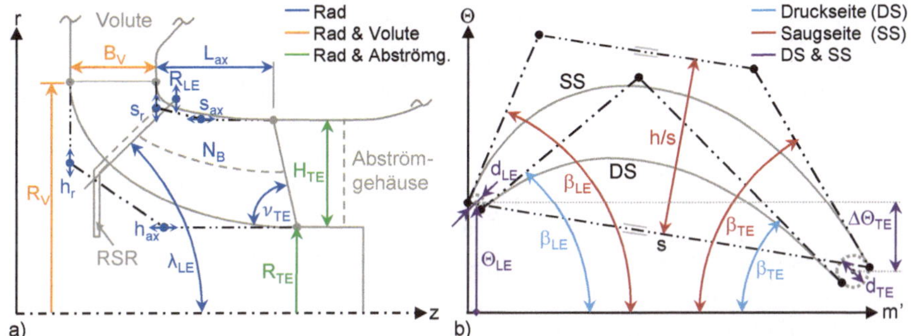

Abb. 5.2: Parameterübersicht des Turbinenrades
a) Merdianschnitt in der r-z-Ebene b) Profilschnitt in der Θ-m'-Ebene an der Nabe

Die Herausforderung bei der Wahl der Faktoren und ihrer Grenzen besteht darin, eine größtmögliche Flexibilität unter gleichzeitiger Berücksichtigung von Festigkeit und Entformbarkeit des Turbinenrades zu gewährleisten, sodass möglichst jede CFD-Simulation einer beliebigen Faktorkombination einen realistischen virtuellen Versuch darstellt. Da für eine Radialturbine andere geometrische Grenzen als für eine Axialturbine gelten, muss der betreffende Variationsbereich durch eine geeignete Formulierung von Abhängigkeiten erweitert oder beschränkt werden. Falls dies erforderlich ist, wird der Wert einer geometrischen Definition F_i (Abb. 5.2) über einen Ersatzfaktor f_i bestimmt. Durch diesen kann der geometrischen Definition ein absoluter Wert, relativ zu ihrem zulässigen Minimal- und Maximalwert $F_{i,min}$ bzw. $F_{i,max}$, zugeordnet werden:

$$F_i = f_i \cdot \left(F_{i,max} - F_{i,min}\right) + F_{i,min}\,; \qquad [0{,}1] = \{f_i \in \mathbb{R} \mid 0 \leq f_i \leq 1\}. \tag{5.4}$$

Über die Formulierung von $F_{i,min}$ bzw. $F_{i,max}$ sind nun Abhängigkeiten von anderen geometrischen Definitionen einzuführen. Abwegige Kombinationen geometrischer Definitionen (z.B. $F_{\beta_{LE,SS}} < F_{\beta_{LE,DS}}$) können somit ausgeschlossen werden, wodurch die Robustheit des Konstruktionsmodells deutlich erhöht wird. Abb. 5.3 zeigt beispielhaft die signifikanteste Abhängigkeit eines Wertes der geometrischen Definition $F_{\beta_{LE,DS}}$ von dem Wert einer anderen Definition $F_{\lambda_{LE}}$. Der Ersatzfaktor $f_{\beta_{LE,DS}}$ bestimmt über einen linearen Zusammenhang den Wert $F_{\beta_{LE,DS}}$ in den von $F_{\lambda_{LE}}$ vorgegebenen Grenzen. Für eine Optimierung im n-dimensionalen Raum bedeuten solche Abhängigkeiten verstärkte Wechselwirkungen zwischen den betroffenen Faktoren, wodurch die Metamodellerstellung beeinflusst, d. h. komplexer wird. Jedoch befinden sich bei gleicher Anzahl von Simulationen auch wesentlich mehr Stützstellen im relevanten und zulässigen Suchbereich.

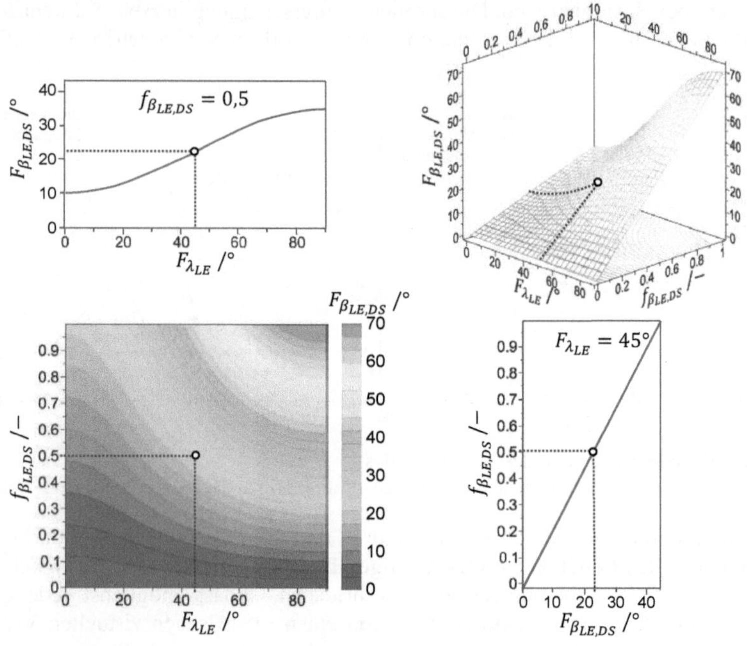

Abb. 5.3: Ergebnis der geometrischen Definition $F_{\beta_{LE,DS}}$ an der Nabe in Abhängigkeit seines Ersatzfaktors $f_{\beta_{LE,DS}}$ und des Kegelwinkels $F_{\lambda_{LE}}$ als begrenzenden Faktor (Bsp.: $F_{\lambda_{LE}} = 45°$, $f_{\beta_{LE,DS}} = 0{,}5$)

Während in dem gezeigten Beispiel für $\beta_{LE,DS(Span=0)}$ die untere erlaubte Grenze stets $F_{\beta_{LE,DS},min} = 0°$ beträgt, wird die obere Grenze in Abhängigkeit des Kegelwinkels $F_{\lambda_{LE}}$ formuliert:

$$F_{\beta_{LE,DS},max} = \frac{1}{2}\left[\underbrace{\left(\sin\left(2F_{\lambda_{LE}} - \frac{\pi}{2}\right) + 1\right)}_{A} \cdot \underbrace{70°}_{\substack{MAX \\ (\lambda=90°)}} + \underbrace{\left(\cos\left(2F_{\lambda_{LE}}\right) + 1\right)}_{B} \cdot \underbrace{20°}_{\substack{MAX \\ (\lambda=0°)}}\right]. \quad (5.5)$$

Der Kegelwinkel $F_{\lambda_{LE}}$ wird im Argument der Funktionen als Bogenmaß angegeben. Durch Multiplikation des Terms A mit 70° und des Terms B mit 20° werden die maximalen Werte für die Grenzfälle einer Axialturbine ($\lambda = 90°$) bzw. einer Radialturbine ($\lambda = 0°$) definiert. Eingesetzt in Gl. (5.4), ergibt die Überlagerung der Sinus- und Cosinus-Funktion die in Abb. 5.3 dargestellte Fläche. Durch diese Definitionsbegrenzung von $\beta_{LE,DS(Span=0)}$ wird ein wesentlicher Teilaspekt für die Festigkeit des Turbinenrades sowie die Entformbarkeit des Gussteils berücksichtigt.

Des Weiteren unterliegen die zulässigen Faktorgrenzen der Profilschnitte einem logischen Aufbau von der Nabe zum Gehäuse (Stapelung). So gilt beispielsweise für den druckseitigen Schaufelwinkel am Turbinenaustritt die Bedingung, dass der Winkel in Richtung Schaufelspitze immer größer werden muss:

$$\beta_{TE,DS,Span=0} \leq \beta_{TE,DS,Span=0,5} \leq \beta_{TE,Span=1}$$

Außerdem werden aus Festigkeitsgründen die zulässigen Grenzen für die Umfangswinkel Θ_{LE} und Θ_{TE} bei halber Schaufelhöhe und am Gehäuse auf die jeweils untergeordnete Profildefinition bezogen. Voruntersuchungen hatten gezeigt, dass die Stapelung unter Einhaltung des von Druck- und Saugseite definierten $\Theta(z)$-Bereiches des jeweils untergeordneten Profils erfolgen muss. Andernfalls entsteht ein Biegemoment am Schaufelfuß, wodurch die Spannungen im Werkstoff enorm ansteigen. Da die Profilschnitte in der Blade-to-Blade-Ebene über $\Theta(m')$ definiert werden, ist erst nach ihrer Abwicklung auf die zugehörige Fläche im Ringraum eine Aussage über die zulässigen Grenzen des jeweils übergeordneten Profilschnitts für Θ_{LE} und Θ_{TE} möglich. Die Positionierung der Vorder- und Hinterkante eines Schaufelprofils ergibt sich somit aus der gesamtheitlichen Definition des Meridianschnitts und den untergeordneten Profildefinitionen. Der zulässige Bereich wird durch eine Messung an der entsprechenden z-Koordinate ermittelt. Abb. 5.4 verdeutlicht für die Definition Θ_{LE} das Vorgehen zur Bestimmung der zulässigen Grenzen.

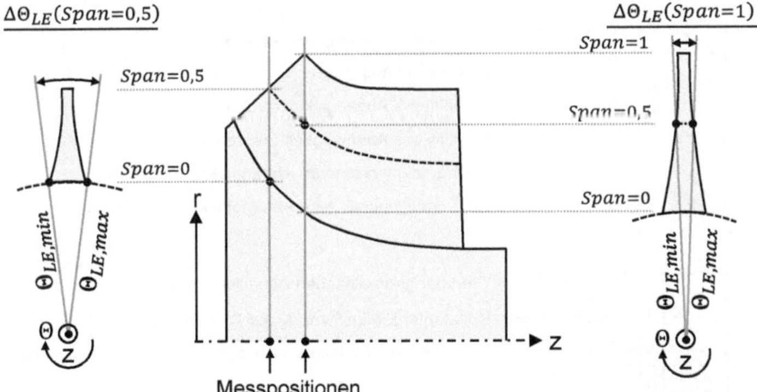

Abb. 5.4: Ermittlung der Definitionsgrenzen von Θ_{LE} für 50% und 100% rel. Schaufelhöhe

Eine Folge dieser Parametrisierungsstrategie wird in Abb. 5.5 beispielhaft dargestellt. Es wird deutlich, dass die gesamte Schaufelform von der Variation nur eines Faktors (hier $\Delta\Theta_{TE,Span=0}$) beeinflusst werden kann. Die Minimal- und Maximalstellung des gewählten Faktors führt zu einer deutlichen Änderung der Schaufelumschlingung. Infolgedessen werden u.a. die zulässigen Grenzen für den Umfangswinkel Θ_{LE} bei halber Schaufelhöhe und am Gehäuse verschoben, wodurch sich die Änderung von $\Delta\Theta_{TE,Span=0}$ indirekt auch auf die Gestaltung der Schaufelvorderkante auswirkt.

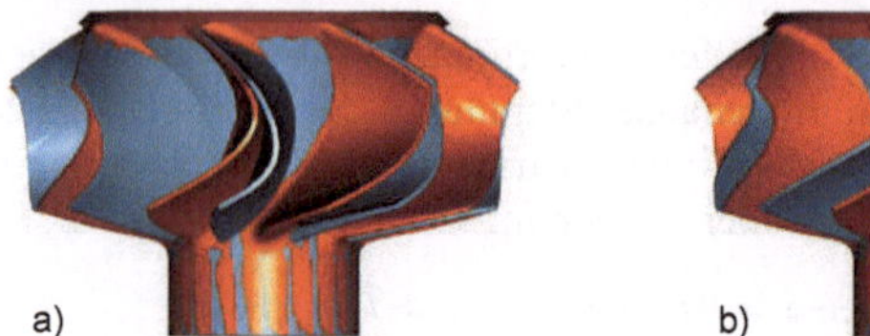

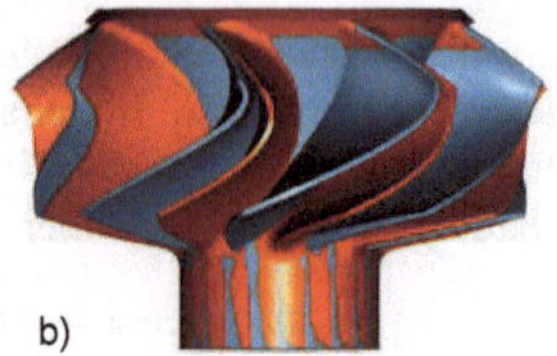

Abb. 5.5: Auswirkung von $\Delta\Theta_{TE,Span=0}$ auf die gesamte Schaufelform
a) Minimalstellung (blau) von $\Delta\Theta_{TE,Span=0}$ im Vergleich zum Mittelwert (rot)
b) Maximalstellung (blau) von $\Delta\Theta_{TE,Span=0}$ im Vergleich zum Mittelwert (rot)

Im Allgemeinen sollte die Formulierung der Definitionsgrenzen eines Faktors F_1 in Abhängigkeit von einem anderen Faktor F_2 einen moderaten Grad aufweisen, da die Kopplung von F_1 und F_2 über den gesamten Definitionsbereich mit zunehmender Nichtlinearität schwieriger zu beschreiben ist (Abb. 5.6a). Führt die Methode zu einer Vergrößerung des Definitionsbereiches, wie in Abb. 5.3 dargestellt ist, beinhaltet dies auch einen F_2-abhängigen Einfluss des Ersatzfaktors f_1 auf seine geometrische Definition F_1. Hierzu zeigt Abb. 5.6b den Unterschied zwischen einer konstanten Definitionsbandbreite und einer mit F_2 linear anwachsenden Bandbreite. Die maximale Bandbreite der Definitionsgrenzen sollte dabei in einem vernünftigen Verhältnis zur minimalen Bandbreite stehen, um die Sensitivität des betroffenen Ersatzparameters nicht zu sehr von einem anderen Faktor abhängig zu machen.

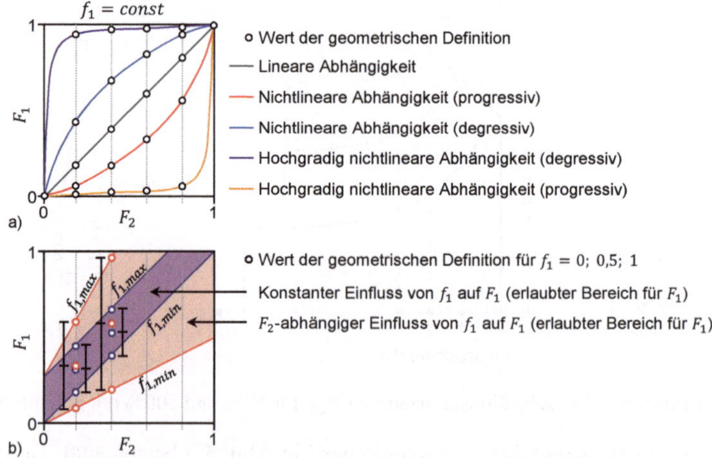

Abb. 5.6: Auswirkungen auf den Wert einer geometrischen Definition F_1 in einer von F_2 formulierten Abhängigkeit
a) Grad der formulierten Abhängigkeit von F_2 (äquidistante Evaluierung, $f_1 = const$)
b) Änderung der Definitionsgrenzen in Abhängigkeit zu F_2 mit und ohne Bandbreitenerweiterung (Evaluierung bei $\frac{1}{5}F_2$ und $\frac{2}{5}F_2$, $f_1 = 0; 0{,}5; 1$)

Die in diesem Abschnitt vorgestellte Parametrisierungsstrategie ermöglicht eine große Vielfalt unterschiedlichster Turbinenraddesigns, von denen in Abb. A.9 einige beispielhaft gezeigt werden. Die signifikanten geometrischen Unterschiede werden dabei realisiert, ohne dass eine manuelle Anpassung der Parametergrenzen erforderlich ist.

5.2 Design-of-Experiments Methode

Die Wahl einer geeigneten Optimierungsstrategie ist immer fallgebunden und in erster Linie abhängig vom verwendeten Lösungsverfahren und der Größe des Parameter- und Variationsraums. Wo 0D- oder 1D-Simulationen aufgrund kurzer Rechenzeiten eventuell noch direkte Löseraufrufe im Optimierungsverfahren erlauben, stoßen 3D-CFD-Simulationen hier oft an ihre Grenzen. Es ist zielführender bei solch zeitaufwändigen Optimierungsprozessen auf die statistische Versuchsplanung bzw. die Design-of-Experiments Methode (DoE) zurückzugreifen. Mit Hilfe der damit generierten Datenbasis können mathematische Ersatzmodelle (Metamodelle) erzeugt werden, welche die physikalischen Vorgänge beschreiben. Die Optimierung erfolgt dann unter Verwendung der Metamodelle. Des Weiteren ermöglicht ein DoE-Plan die Durchführung einer Sensitivitätsanalyse, welche den Einfluss der Faktoren auf die Zielgrößen verdeutlicht. Dadurch kann der Variationsraum um Variablen reduziert werden, die nur einen geringen Einfluss auf die Zielgrößen haben. Mit den verbleibenden Faktoren ist dann eine effizientere Optimierung möglich.

Die statistische Versuchsplanung hat mit dem Einzug von CAE-Anwendungen deutlich an Bedeutung gewonnen. Die stetige Leistungssteigerung von Computern sowie der Trend zur Einsparung von Prototypen werden in Zukunft die Anwendung von DoE-Methoden in allen Ingenieursdisziplinen weiter verstärken (Siebertz et al 2010). Die orthogonale Konstruktionsweise der Versuchspläne erlaubt weiterhin eine Zuordnung von Wirkungen einzelner Faktoren, da die Einstellungsmuster aller Faktoren gleichmäßig aufgeteilt und voneinander unabhängig sind.

Ein geläufiger Ansatz zur Erstellung eines Versuchsplans ist es, immer nur eine Einflussgröße n gleichzeitig auf m Stufen zu variieren. Als Vorteile sind die relativ geringe Anzahl an benötigten Experimenten N

$$N = n \cdot m \tag{5.6}$$

sowie die Möglichkeit zu nennen, den Effekt direkt der variierten Einflussgröße (Faktor) zuzuordnen. Allerdings können die beobachteten Effekte nur dem gewählten konstanten Ausgangspunkt der übrigen Faktoren zugeordnet werden, womit zum einen die Gültigkeit lokal beschränkt ist und zum anderen mögliche Wechselwirkungen zwischen den Faktoren unberücksichtigt bleiben.

Des Weiteren bietet die statistische Versuchsplanung die Möglichkeit, den gesamten Faktorraum gleichzeitig zu untersuchen und unter Berücksichtigung von Wechselwirkungen eine globale Gültigkeit zu erzielen. Grundsätzlich gibt es zwei verschiedene Ansätze zur Verteilung der Experimente bei der Erstellung von DoE-Plänen.

5.2.1 *Deterministische Verteilungsmethoden*

Es gibt eine Vielzahl von Varianten deterministische Versuchspläne aufzustellen. Im Rahmen dieser Arbeit soll zu dem Thema nur ein Überblick gegeben werden. Für detaillierte Beschreibungen sei auf die einschlägige Literatur (z.B. Montgomery 2005, Siebertz et al. 2010) verwiesen.

Der vollfaktorielle Versuchsplan stellt den aufwändigsten DoE-Plan dar, welcher jedwede Faktorkombination enthält und dessen Durchführung sich somit sehr zeitintensiv gestaltet. Die Anzahl der benötigten Experimente steigt mit der Faktoranzahl exponentiell an

$$N = m^n \tag{5.7}$$

Zur Beschreibung quadratischer Funktionen werden 3 Stufen je Faktor benötigt. So sind bei 35 Faktoren $N = 3^{35} = 5 \cdot 10^{16}$ Experimente notwendig, was ein CFD-Lösungsverfahren bereits bei deutlich weniger Faktoren ausschließt. Unter Verwendung statistischer Methoden ist es möglich, die Anzahl an benötigten Experimenten zur Beschreibung des zugrunde liegenden physikalischen Modells zu reduzieren. Ein auf Polynomen basierendes Beschreibungsmodell kann mittels multipler linearer Regression an die Ergebnisse des Versuchsplans angepasst werden (Abschn. 5.3). Hierzu werden in der Regel nur die zwingend notwendigen Experimente zur mathematischen Beschreibung der Haupteffekte und Wechselwirkungen durchgeführt, welche durch die Anzahl der zu bestimmenden Modellkonstanten vorgegeben sind. Da jedes Experiment eine Gleichung zur Bestimmung einer Modellkonstanten liefert, bedeutet das für ein quadratisches Beschreibungsmodell mit Wechselwirkungen erster Ordnung eine Mindestanzahl von

$$N \geq \underbrace{1}_{A} + \underbrace{N_F}_{B} + \underbrace{\frac{N_F(N_F - 1)}{2}}_{C} + \underbrace{N_F}_{D} = \frac{(N_F + 1)(N_F + 2)}{2} \tag{5.8}$$

A) Regressionskonstante
B) Lineare (Haupt)-Wirkungen
C) Zweifachwechselwirkungen
D) Quadratische Wirkungen

Experimenten (Adam 2012). Nach Gl. (5.8) steigt für ein quadratisches Beschreibungsmodell mit Wechselwirkungen die Anzahl an benötigten Experimenten im Vergleich zu einem linearen Modell mit Wechselwirkungen nur geringfügig an. Da es zudem die meisten Systeme gut abbilden kann, wird es häufig verwendet. Auf die in dieser Arbeit vorliegende Parametrisierung mit $N_F = 35$ übertragen, würden $N \geq 666$ Experimente notwendig sein. Diese Anzahl erscheint zur Durchführung von CFD-Simulationen noch immer als sehr groß. Wenn eine Systemuntersuchung in mehreren Betriebspunkten bzw. mit verschiedenen Randbedingungen erfolgen soll, multipliziert sich die Anzahl der benötigten CFD-Simulationen noch einmal mit der Anzahl dieser Punkte.

Betrachtet man Verteilungsmethoden zur Beschreibung linearer Modelle (erster Ordnung) ohne Wechselwirkungen, reduziert sich der Aufwand zwar deutlich, da lediglich

$$N = 1 + N_F \tag{5.9}$$

Experimente notwendig sind. Allerdings wird auch das Risiko erhöht, wichtige Effekte nicht abbilden zu können du gravierende Approximationsfehler zu machen. In Abb. 5.7 wird der Unterschied der beschriebenen deterministischen Verteilungsmethoden graphisch verdeutlicht.

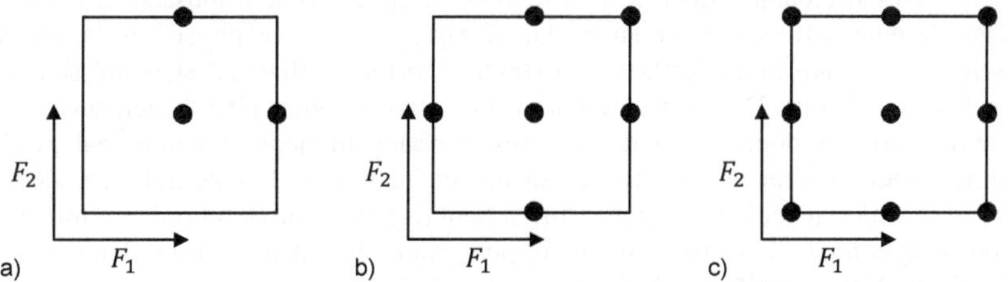

Abb. 5.7: Deterministische Verteilungsmethoden im 2-dimensionalen Faktorraum
a) Linear ohne Wechselwirkungen
b) Quadratisch mit Wechselwirkungen 1. Ordnung
c) Voll faktoriell (quadratisch, $m = 3$)

Um ein Beschreibungsmodell höherer Ordnung inklusive Wechselwirkungen verwenden zu können, gibt es die Möglichkeit, unter allen Faktoren nur bestimmte für die Optimierung zu selektieren und dadurch die Anzahl an benötigten Experimenten gering zu halten. Dies beinhaltet allerdings die Gefahr, einflussreiche Faktoren und damit auch das globale Optimum auszuschließen, da in der Regel im Vorfeld der Einfluss eines Faktors auf die Zielgröße unbekannt ist. Zielführender ist in diesem Zusammenhang die Verwendung von speziellen Verteilungsmethoden, welche hinsichtlich definierter Kriterien optimiert werden. Die D-optimale Verteilung stellt dabei die wohl am weitesten verbreitete Methode dar (Montgomery 2005). Dieses Kriterium wurde von Box und Draper (1971) vorgeschlagen, bei dem die Faktoreinstellungen der Experimente dahingehend optimiert werden, dass der Informationsgehalt für die Metamodellerstellung maximiert wird. Die resultierende Verteilung minimiert die maximale Varianz einer Vorhersage bei gegebener Anzahl von Experimenten. In der praktischen Anwendung wird zur Erstellung D-optimaler Versuchspläne eine 1,5-fache Anzahl der mindestens benötigten Experimente zur Erstellung quadratischer oder linearer Beschreibungsmodelle empfohlen, was ein Kompromiss aus Genauigkeit und Aufwand darstellen soll (Dynardo GmbH 2013). Neben der D-optimalen Verteilung gibt es auch noch andere, auf bestimmte Kriterien, optimierte Verteilungsmethoden, auf die an dieser Stelle nicht weiter eingegangen werden soll.

Eine positive Eigenschaft deterministischer Verteilungsmethoden ist die Vermeidung von größeren Extrapolationsfehlern bei der Modellbildung, da die meisten Experimente an den Rändern des Faktorraumes liegen. Allerdings führt dies auch zu einer erhöhten Ausfallwahrscheinlichkeit der Experimente, da bei CAE-Anwendungen die Extremwerte eines großzügig gewählten Faktorbereiches erhöhte Anforderungen an die Robustheit der Prozesskette stellen. Das betrifft in erster Linie die CAD-Software und das Vernetzungstool. Als Nachteil erweist sich, dass die ausgefallenen Experimente im Nachhinein manuell wiederholt werden müssen, damit der Berechnungsplan vervollständigt werden kann und die notwendigen Gleichungen zur Modellbeschreibungen zur Verfügung stehen.

Bei deterministischen Versuchsplänen ist auch von Nachteil, dass sie auf das zu verwendende Beschreibungsmodell abgestimmt bzw. optimiert sein müssen. Das bedeutet, dass für einen effizienten Versuchsplan Kenntnisse über das physikalische Verhalten, wie z.B. lineare und nichtlineare Effekte, a priori vorhanden sein müssen, was eher selten der Fall ist. Die bisher beschriebenen Berechnungspläne dienen zur Anpassung eines auf Polynomen basierenden Beschreibungsmodells von maximal zweiter Ordnung, wodurch drei Stufen pro Faktor ausreichend sind. Für komplexere Zusammenhänge werden jedoch zusätzliche Stufen benötigt, was zur Beschreibung mit angepassten Polynomen wesentlich mehr Experimente erfordern würde. Hier weisen stochastische Versuchspläne Vorteile auf.

5.2.2 Stochastische Verteilungsmethoden

Bei stochastischen Verteilungsmethoden ist die Anzahl an benötigten Experimenten von der Faktoranzahl unabhängig. Die Anzahl an Experimenten ist dabei gleichbedeutend mit der Anzahl an Stufen je Faktor, wodurch auch die Beschreibung sehr komplexer Zusammenhänge ermöglicht wird. Eine direkte Abhängigkeit von Versuchsplan und Metamodellerstellung existiert nicht, da die Verteilung der Experimente namensgebend zufallsbasiert ist. Der daraus resultierende Unterschied bei der Anzahl der Experimente im Vergleich zu deterministischen Verteilungsmethoden wird vor allem bei Optimierungsproblemen mit sehr vielen Faktoren deutlich. Wird nach der Evaluierung aller Experimente eine Sensitivitätsanalyse durchgeführt, können einflussreiche und vernachlässigbare Faktoren identifiziert werden, was eine Reduzierung des Faktorraums ermöglicht und die Metamodellerstellung vereinfacht. Für Experimente nach der deterministischen Verteilungsmethode würde dies bedeuten, dass der Informationsgehalt aus allen vernachlässigbaren Faktoren verloren geht. Der Informationsgehalt aus Experimenten nach stochastischer Verteilungsmethode bleibt hingegen auch nach einer Faktorreduzierung weiter erhalten, da für jeden Faktor aus N Experimenten $m =$

ten $m = N$ Stufen vorliegen (Dynardo GmbH 2013). Der Unterschied auf den Informationsgehalt zur Beschreibung der Zielgröße $\hat{y}_1$ wird im Vergleich zu einer deterministischen Verteilung mit drei Stufen pro Faktor in Abb. 5.8 verdeutlicht.

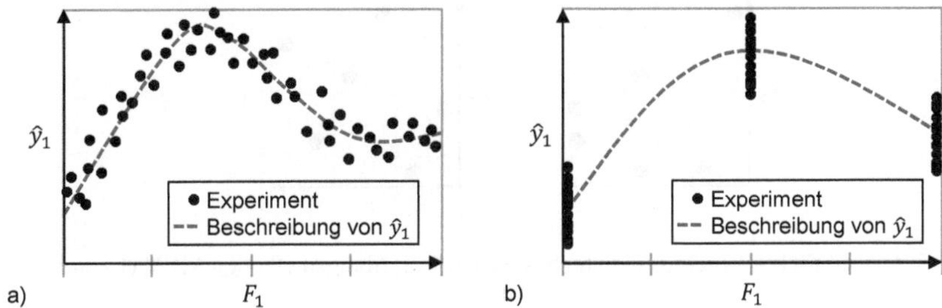

Abb. 5.8: Beispiel mit 5 Faktoren von denen nur F_1 einen signifikanten Einfluss auf $\hat{y}_1$ hat
a) Stochastische Verteilungsmethode mit $m = N = 50$ Experimenten und Stufen
b) Deterministische Verteilungsmethode (voll faktoriell, $3^5 = 243$ Experimente)

Die stochastischen Verteilungsmethoden unterscheiden sich voneinander nur geringfügig, wobei das Monte-Carlo-Verfahren (MCV) die Basis für weiterentwickelte stochastische Verfahren bildet. Die Faktoreinstellungen beim MCV werden nach dem Zufallsprinzip vorgenommen, wobei die Verteilung für jeden Faktor unabhängig voneinander geschieht. Hieraus ergeben sich bei ausreichend großen Plänen nur schwache Korrelationen und eine von Natur aus weitgehende Orthogonalität, was die Zuordnung von Hauptwirkungen ermöglicht. Nachteilig wirkt sich dabei aus, dass für eine gleichmäßige Abdeckung und zur Vermeidung größerer „Löcher" im Versuchsplan relativ viele Experimente benötigt werden (Siebertz et al. 2010). Um der Orthogonalität deterministischer Verteilungsmethoden näher zu kommen und eine insgesamt gleichmäßigere Verteilung der Faktoreinstellungen zu erreichen, bietet sich das Latin Hypercube Verfahren (LHV) an (McKay et al. 1979). Nach Siebertz et al. (2010) ermöglicht das LHV im Vergleich zum MCV eine Reduzierung der benötigten Experimente um etwa 50% bei ähnlichem Informationsgehalt. Für das LHV werden nur

$$N \geq N_F + 1 \tag{5.10}$$

Experimente benötigt, ohne dass eine Beschränkung auf bestimmte Beschreibungsmodelle gilt. Jedoch verbessern zusätzliche Experimente die Prognosequalität, was insbesondere für die Beschreibung von Wechselwirkungen gilt.

In Abb. 5.9 wird der prinzipielle Verteilungsunterschied zwischen dem MCV und dem LHV am Beispiel eines Plans aus 6 Experimenten und zwei Faktoren verdeutlicht. Über das dargestellte Ergebnis hinaus, ist eine Vielzahl an Verteilungsmustern für das LHV und noch weitaus mehr für das MCV möglich. Für das LHV könnte es auch zu einer Verteilung entlang einer Diagonalen beider Faktoren kommen, was die schlechteste Konditionierung darstellen würde. Solche unwahrscheinlichen Fälle können allerdings durch den Einsatz von Rekombinationsalgorithmen ausgeschlossen werden.

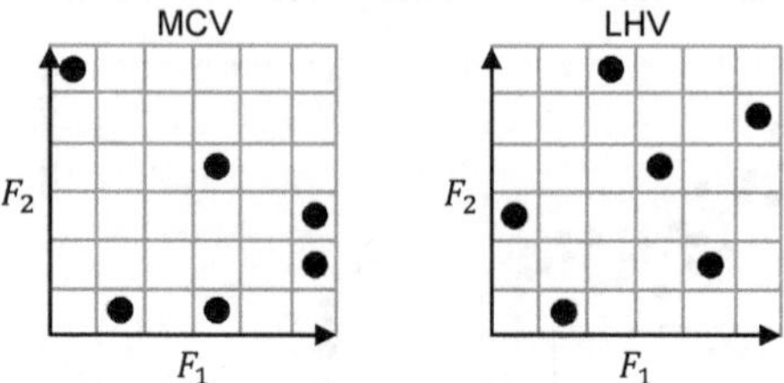

Abb. 5.9: Mögliches Ergebnis der stochastischen Verteilungsmethoden MCV (l.) und LHV (r.)

Neben der verhältnismäßig geringen Anzahl an benötigten Experimenten bei einer hohen Faktoranzahl erweisen sich stochastische Verteilungsmethoden auch robust gegenüber vereinzelnd ausgefallene Experimente bei der Modellbeschreibung. Zudem sind die Ausfallerscheinungen naturgemäß geringer, da sich weniger Experimente an den Grenzen des Faktorraums befinden. Aus den genannten Gründen wird in dieser Arbeit das Latin Hypercube Verfahren als Verteilungsmethode gewählt.

5.3 Metamodelle

Metamodelle beschreiben die Zusammenhänge von Ein- und Ausgangsgrößen eines physikalischen Systems durch mathematische Beziehungen. Als Grundlage dienen die Informationen aus den Verteilungsexperimenten nach der DoE-Methode. Die Anpassung des Metamodells an die Experimente kann nur so gut sein, wie die Natur des Ersatzmodells dies zulässt. Beispielsweise können auf Polynomen basierende Ersatzmodelle nur den Grad annehmen, den die Ordnung des Polynoms maximal erlaubt. Die richtige Wahl des Metamodells ist somit eine Grundvoraussetzung für eine erfolgreiche Optimierung. Dementsprechend werden nach der Erstellung des Versuchsplans verschiedene Metamodelle üblicherweise auf ihre Abbildungsqualität anhand von definierten Kriterien überprüft. Sie lassen sich nach der Art der Modellierung in Regressions- und Interpolationsmodelle einteilen. Die Regressionsmodelle verwenden Polynomansätze, die über eine multiple lineare Regression an die Stützstellen des Versuchsplans angepasst werden. Interpolationsmodelle verwenden die Stützstellen als Basis zur Interpolation der umliegenden Bereiche, wodurch die Experimente des DoE-Plans exakt getroffen werden.

5.3.1 Polynomial Least Square Approximation

Eine der wichtigsten Modellierungsmethoden stellt die Regressionsanalyse in Form der Polynomial Least Square (PLS) Approximation dar. In den meisten technischen

Anwendungen sind Funktionen aus Polynomen erster und zweiter Ordnung ausreichend (Box und Draper 1987; Myers und Montgomery 1995), welche auch bei der PLS Approximation verwendet werden. Aus jedem Experiment k $(k = 0, \dots, N)$ entsteht eine Gleichung, mit der die Zielgröße y_k aus den Werten der Faktoren x_k durch die zu bestimmenden Modellkonstanten für den Mittelwert β_0, für die linearen Haupteffekte β_k, die quadratischen Haupteffekte β_{kk} und die Wechselwirkungseffekte β_{kj} beschrieben werden kann. Die Bestimmung dieser Konstanten erfolgt über eine multiple lineare Regression, wonach ein Approximationsfehler ε_k verbleibt. Dieser wird nach der Methode der kleinsten Fehlerquadrate minimiert. Der allgemeine Zusammenhang in Matrizenschreibweise

$$y = X\beta + \varepsilon \tag{5.11}$$

wird am Beispiel eines quadratischen Polynoms im zweidimensionalen Fall

$$y_k = \beta_0 + \beta_1 x_{1k} + \beta_2 x_{2k} + \beta_{11} x_{1k}^2 + \beta_{22} x_{2k}^2 + 2\beta_{12} x_{1k} x_{2k} + \varepsilon_k \tag{5.12}$$

verdeutlicht. Die prognostizierten Zielgrößen $\hat{y}$ können dann mit den angepassten Regressionskoeffizienten $\hat{\beta}$ bestimmt werden

$$\hat{y} = X\hat{\beta}. \tag{5.13}$$

5.3.2 Moving Least Square Approximation

Wie bereits erwähnt, kann sich eine Beschränkung auf Polynomfunktionen, die entsprechend Gl. (5.12) nur lineare oder quadratische Zusammenhänge erfassen, als nachteilig erweisen. Aufgrund dessen wurden von Lancaster und Salkauskas (1981) die Moving Least Square Funktionen (MLS) eingeführt, welche eine Erweiterung zu der Polynomregression darstellen. MLS-Funktionen ermöglichen vergleichsweise größere lokale Gradienten, was die Abbildungsqualität eines unstetigen oder sehr komplexen Antwortverhaltens der Zielgröße verbessert. Zudem haben sie die Eigenschaft mit einer Vergrößerung der Stützstellenanzahl zur exakten Formulierung konvergieren zu können. Anders als bei der Polynomregression, bei der globale Modellkonstanten ermittelt werden, findet hier eine lokale Beeinflussung der Basisfunktionen $h_i(x_k)$ mit einer vordefinierten Anzahl an Basistermen N_{Ba} durch veränderliche („moving“) Modellkonstanten $a_i(x)$ statt

$$\hat{y}(x, x_k) = \sum_{i=1}^{N_{Ba}} h_i(x_k) a_i(x). \tag{5.14}$$

Um die lokale Regression nach der MLS-Methode zu ermöglichen, werden abstandsabhängige Gewichtungsfunktionen $w(s)$ eingeführt, unter deren Einfluss der Modellkonstantenvektor a nach dem Prinzip der kleinsten Fehlerquadrate berechnet wird. Die Gewichtungsfunktionen werden mit Hilfe des Abstands s zwischen der Interpolationsstelle x und der Stützstelle x_k berechnet, welcher mit dem Einflussradius D als Kalibrierungsparameter normalisiert wird

$$s = \frac{\|x - x_k\|}{D}. \tag{5.15}$$

Die Gewichtungsfunktion hat ihr Maximum bei einem Abstand von $s = 0$ und verliert ihren Einfluss bei $s = 1$. Mit der Wahl des Parameters D wird der Einfluss lokaler Stützpunkte auf die Abbildungsfunktion $\hat{y}(x)$ bestimmt.

Die MLS-Approximation kann für Regressionsmodelle, aber auch für Interpolationsmodelle verwendet werden, wobei sie sich in den Formulierungsansätzen für die Gewichtungsfunktion $w(s)$ unterscheidet (Most und Bucher 2005). MLS-Interpolationsmodelle eignen sich besonders dann, wenn zufällige Fehler bzw. Rauschen im Versuchsplan einen geringen Einfluss haben. Dem MLS-Interpolationsverfahren sind radiale Basisfunktionen (RBF) und das universelle Kriging-Verfahren ähnlich, da sie ebenfalls aus einem Basispolynom und einer auf Abständen beruhenden lokalen Anpassung basieren, wobei es in der jeweiligen Umsetzung Unterschiede gibt. Gegenüber RBF und Kriging besitzt das in der Optimierungssoftware OptiSLang verfügbare MLS-Interpolationsverfahren den Vorteil einer automatischen Optimierung der Einstellungsparameter an den Versuchsplan. Des Weiteren steht mit dem MLS-Regressionsmodell ein Verfahren zur Verfügung, mit dem Ausreißer und verrauschte Antwortgrößen gefiltert werden können. Somit wird ein automatisierter Prozess zur Auswahl eines optimalen Ersatzmodells aus Interpolations- und Regressionsmethoden unterschiedlicher Ordnung ermöglicht. Das Modell mit der besten Vorhersagequalität wird mit Hilfe eines Prognosekoeffizienten R^2_{Prog} ermittelt und schließlich für den Optimierungsalgorithmus verwendet.

5.3.3 Sensitivitätsanalyse

Besteht ein Optimierungsproblem aus sehr vielen Faktoren, ist die Identifizierung und Unterscheidung von einflussreichen und vernachlässigbaren Faktoren zur Beschreibung des Systemverhaltens von besonderer Bedeutung. Außer verschiedenen Zielgrößen müssen meist auch Nebenbedingungen (Constraints) erfüllt und somit abgebildet werden. „In der Regel basieren die in der Literatur beschriebenen Metamodellansätze auf der Annahme, dass nur eine Antwortgröße erzeugt wird. Die meisten komplexen Ingenieursaufgaben erfordern jedoch mehrere Antwortgrößen" (Roos et al. 2007). Das führt zu der Notwendigkeit für jede Antwortgröße ein eigens für sie optimiertes Metamodell zu entwickeln. Hierzu werden die Variablen mit Hilfe von statistischen Koeffizienten ausgewertet um Sensitivitäten für die relevanten Antwortgrößen zu ermitteln.

Zunächst werden Korrelationskoeffizienten zwischen zwei Variablen linearen Zusammenhangs

$$\rho^{lin}(x_i, x_j) = \frac{COV(x_i, x_j)}{\sigma_{x_i}\sigma_{x_j}} \approx \frac{1}{N-1} \frac{\sum_{k=1}^{N}\left(x_i{}^{(k)} - \mu_{x_i}\right)\left(x_j{}^{(k)} - \mu_{x_j}\right)}{\sigma_{x_i}\sigma_{x_j}} \tag{5.16}$$

ermittelt. Dieselbe Definition gilt für quadratische Zusammenhänge zwischen der quadratischen Regression $\hat{y}(x_i)$ und der Variable x_j nach der Methode der kleinsten Fehlerquadrate, basierend auf den Stützstellen $x_i{}^{(k)}$ und $x_j{}^{(k)}$

$$\rho^{quad}(x_i, x_j) \approx \frac{1}{N-1} \frac{\sum_{k=1}^{N}\left(\hat{y}^{(k)}(x_i) - \mu_{\hat{y}(x_i)}\right)\left(x_j{}^{(k)} - \mu_{x_j}\right)}{\sigma_{\hat{y}(x_i)}\sigma_{x_j}}. \tag{5.17}$$

In dem Definitionsbereich $-1 \leq \rho \leq 1$ deuten Koeffizienten von $|\rho| < 0{,}3$ auf eine schwache und $|\rho| > 0{,}7$ auf eine starke Korrelation hin. Somit können Faktoren anhand dieses Koeffizienten auf Sensitivität überprüft und gefiltert werden. Die verbliebenen Faktoren werden ein weiteres Mal mit Hilfe der Polynomregression gefiltert. Dadurch werden jene Variablen identifiziert, welche trotz ausreichend hoher Korrelation nur einen geringen Einfluss auf die Modellqualität der Antwortgröße haben. Hierfür eignet sich das Bestimmtheitsmaß

$$R^2 = \frac{\sum_{k=1}^{N}(\hat{y}(k) - \mu_y)^2}{\sum_{k=1}^{N}(y(k) - \mu_y)^2}, \tag{5.18}$$

welches die erklärbare Variation im Verhältnis zu der tatsächlichen Variation angibt. Es wird zudem das angepasste Bestimmtheitsmaß

$$R_{adj}^2 = 1 - \frac{N-1}{N-N_\beta}(1 - R^2) \tag{5.19}$$

eingeführt, um den Einfluss der Faktoranzahl und den damit verbundenen Modellkonstanten N_β zu reduzieren. Somit können unterschiedlich komplexe Modelle miteinander verglichen werden. Basierend auf diesem Bestimmtheitsmaß wird das Regressionsmodell für jeden Faktor, sowohl mit als auch ohne ihn, untersucht und die Differenz ΔR_{adj}^2 gebildet. So kann nach Bucher (2007) ein Maß für die Bedeutung von Faktoren auf die Metamodellerstellung ermittelt werden. Je nach Vorgabe von $\Delta R_{adj,min}^2$ werden nur die Faktoren zur endgültigen Modellierung verwendet, für die $\Delta R_{adj}^2 > \Delta R_{adj,min}^2$ gilt. Der minimale Einflusswert wird üblicherweise im Bereich von $1\% \leq \Delta R_{adj,min}^2 \leq 9\%$ variiert, um die Auswirkung der verwendeten Faktoranzahl auf die Prognosegüte der verschiedenen Metamodelle zu ermitteln. Die Anzahl der Faktoren kann dadurch reduziert werden und in Abhängigkeit dieser die Auswahl des optimalen Metamodells erfolgen.

Die Prognosequalität der Metamodelle muss anhand von Experimenten evaluiert werden, die nicht an der Modellerstellung beteiligt sind. Als robuste Bewertungsmethode eignet sich hierfür die Kreuzvalidierung, bei der die Experimente des gesamten Versuchsplans zunächst in q Teilmengen (gewöhnlich $5 \leq q \leq 10$) segmentiert werden. Bei der Unterteilung wird berücksichtigt, dass jede Teilmenge den Bereich der Antwortgröße gleichförmig zum Gesamtplan repräsentiert. Die Beschreibungsmodelle werden jeweils anhand einer dieser Teilmengen (Testkandidaten) validiert, wohingegen der Rest die Trainingskandidaten bildet, auf die sich das Modell bezieht. Die resultierende Prognosequalität errechnet sich als Mittelwert der einzelnen Durchläufe, wobei jedes DoE-Segment einmal die Testkandidaten stellt. Dieses Vorgehen erhöht zwar den Aufwand zur Bestimmung des optimalen Metamodells, resultiert aber in einer besseren Prognosequalität. In dieser Arbeit werden hierzu die Polynomregression und die MLS-Approximation verwendet. Andere Modellierungsansätze, wie neuronale Netzwerke oder das Kriging-Verfahren, erweisen sich hierfür weniger geeignet, da für jede Teilmengenkombination ein zeitaufwändiger Trainingsalgorithmus angewendet werden muss (Most und Will 2010).

Gleichung (5.20) gibt das Vorhersagemaß R^2_{Prog} über das Verhältnis der nicht erklärbaren Variation zu der Gesamtvariation von i Testkandidaten an:

$$R^2_{Prog} = 1 - \frac{\sum_{i=1}^{N}(y_i - \hat{y}_i)^2}{\sum_{i=1}^{N}\left(y_i - \mu_y\right)^2}; \quad 0 \leq R^2_{Prog} \leq 1. \tag{5.20}$$

Ein Wert von $R^2_{Prog} = 0{,}9$ entspricht beispielsweise einer Vorhersagegenauigkeit von 90% für neue Kandidaten.

5.4 Optimierungsverfahren

Die meisten Optimierungsaufgaben in technischen Anwendungen sind multikriteriell, d.h. es werden mehr als nur eine Zielgröße betrachtet, welche zudem oftmals miteinander konkurrieren. Dies führt bei einer Optimierung von n konkurrierenden Zielgrößen (**M**ulti-**O**bjective **O**ptimization, MOO) zu einer $n-1$ dimensionalen Pareto-Front, für die eine Verbesserung der einen Zielgröße gleichermaßen eine Verschlechterung des anderen Ziels bedeutet. Ist umfassendes Wissen über die Abhängigkeiten der einzelnen Zielgrößen vorhanden, lässt sich eine Zielfunktion $OF(x)$

$$OF(x) = \sum_{i=1}^{n} w_i\, y_i(x) \;\; ; \;\; \sum_{i=1}^{n} w_i = 1 \tag{5.21}$$

definieren, durch die ein Optimierungsschwerpunkt mit Hilfe von Gewichtungsfaktoren w_i gesetzt werden kann (Siebertz et al. 2010). Da die Suche nach dem Optimum nun 0-dimensional ist (**S**ingle-**O**bjective **O**ptimization, SOO), ermöglicht dies eine erhebliche Zeitersparnis. Insbesondere bei Optimierungen ohne die Verwendung eines Ersatzmodells kann über die Definition einer Zielfunktion der Aufwand deutlich reduziert werden. Eine weitere Möglichkeit besteht darin, für jede Zielgröße eine eigene Optimierung (SOO) durchzuführen, bei der die übrigen jeweils eine Nebenbedingung (Constraint) definieren.

Neben der Anzahl der Ziele unterscheidet man Optimierungsverfahren nach dem verwendeten Algorithmus. Die Wahl eines geeigneten Algorithmus hängt dabei von der Natur des Optimierungsproblems ab. Bei der Suche nach dem globalen Optimum und bei mathematisch komplexen Abhängigkeiten sind Algorithmen ungeeignet, die auf rein lokalen Informationen basieren (z.B. Gradientenverfahren). Hier haben sich die von der Natur inspirierten Verfahren, wie biologische Evolution (Vererbung von Merkmalen) oder Schwarmintelligenz (Positionswechsel) bewährt. Nach Dynardo GmbH (2011) sind evolutionäre Algorithmen (EA), wie der genetische Algorithmus (GA), die evolutionären Strategien (ES) sowie die Partikel-Schwarm-Optimierung (PSO) geeignet, den Bereich des globalen Optimums zu finden, wobei ES und PSO nicht zwingend eine nachgeschaltete gradientenbasierte Optimierung zur weiteren lokalen Suche erfordern. Letztere werden auch in dieser Arbeit verwendet. Evolutionäre Strategien nach Rechenberg (1973) verhalten sich robust bei diskreten Variablen sowie bei zahlreichen Verletzungen von Nebenbedingungen. Treten diese hingegen selten auf oder erhalten diskrete Variablen durch eine Vielzahl an Abstufungen einen annähernd kontinuierlichen Charakter, wird die PSO aufgrund ihrer größeren Effizienz empfohlen (Schneider et al. 2010).

Gemeinsam haben ES und PSO, dass eine Population von Individuen (Anzahl an Faktorkombinationen) den Faktorraum simultan absucht und die Suchrichtung von dominanten Individuen gemäß der definierten Zielfunktion beeinflusst wird. Sie unterscheiden sich jedoch in Details bei der genauen Umsetzung. Das ähnliche Grundprinzip von ES und PSO wird in Abb. 5.10 anhand des gemeinsamen algorithmischen Ablaufs verdeutlicht.

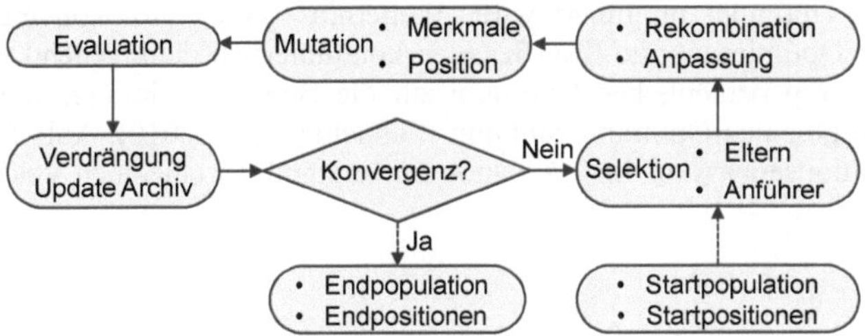

Abb. 5.10: Programmablauf von naturinspirierten Optimierungsalgorithmen (ES und PSO)

Als Vertreter der evolutionären Methodik beginnt die Evolutionsstrategie mit einer Startpopulation, von welcher dominante Individuen eine höhere statistische Chance haben, als Elterngeneration ausgewählt zu werden (Selektion). Die Nachfolgegeneration wird zunächst durch eine Rekombination aus den Faktoren der selektierten Elternteile erzeugt und anschließend mit einer gewissen Wahrscheinlichkeit mutiert. Letzteres verhindert das Verharren in einem lokalen Optimum. Die Populationsgröße bleibt dabei immer gleich groß. Je nach verwendeter Verdrängungsstrategie kann die Selektion der Nachfolgegeneration mit der Größe des Archivs beeinflusst werden, worin die bislang besten gefundenen Individuen abgelegt werden. Dieser Vorgang wiederholt sich so lange bis ein vorgegebenes Konvergenzniveau erreicht wird und keine Verdrängung mehr stattfindet.

Das PSO-Verfahren imitiert das Verhalten eines Tierschwarms auf der Suche nach Futter. Die Individuen bzw. Partikel werden bei der PSO allerdings nicht miteinander rekombiniert. Die Anpassung erfolgt durch einen Positionswechsel im Schwarm. Die Partikel kennen hierfür die momentane Position des globalen Anführers im Schwarm (globales Optimum) und die bislang persönlich beste Position (lokales Optimum). Die verschiedenen Generationen der Evolutionsstrategie können hier als Zeitschritte während der Schwarmbewegung interpretiert werden. Mit jedem Zeitschritt erfolgt eine Positionsanpassung der Individuen in Abhängigkeit ihrer Erinnerung an das persönliche sowie an das globale Optimum. Die Bewegung des Schwarms wird im Wesentlichen von drei Einstellungsparametern beeinflusst. Die Bewegungsgleichung der Partikel setzt sich anteilig zusammen aus der Trägheit der Momentangeschwindigkeit und dem Drang zu der persönlich lokalen und der global besten „Futterquelle" zu gelangen, was von den jeweiligen Koeffizienten w_t, $a_{p,t}$ und $a_{g,t}$ beeinflusst wird:

$$x_{t+1}^i = x_t^i + v_{t+1}^i, \tag{5.22}$$

$$v_{t+1}^i = w_t \cdot v_t^i + a_{p,t} \cdot \Psi \cdot \left(x_{p,t}^i - x_t^i\right) + a_{g,t} \cdot \Psi \cdot \left(x_{g,t} - x_t^i\right). \tag{5.23}$$

Die Variable $\Psi\ [0,1] = \{\Psi \epsilon \mathbb{R}\}$ stellt eine Zufallsgröße zur Schrittweitenvariabilität dar, was eine indeterminierte Bewegung der Individuen erlaubt. Analog zu den ES sind auch Positionsmutationen möglich, wodurch das Risiko einer Konvergenz zu einem lokalen Optimum minimiert wird. Weiterhin werden aus Konvergenzgründen während der Optimierung die Koeffizienten kontinuierlich dahingehend variiert, dass der Einfluss vom persönlichen Optimum auf die Bewegung immer weiter abnimmt und der vom globalen Optimum zunimmt (Schneider et al. 2010). Abb. 5.11 verdeutlicht die Positionsanpassung im 2D-Faktorraum anhand der einzelnen Vektoren.

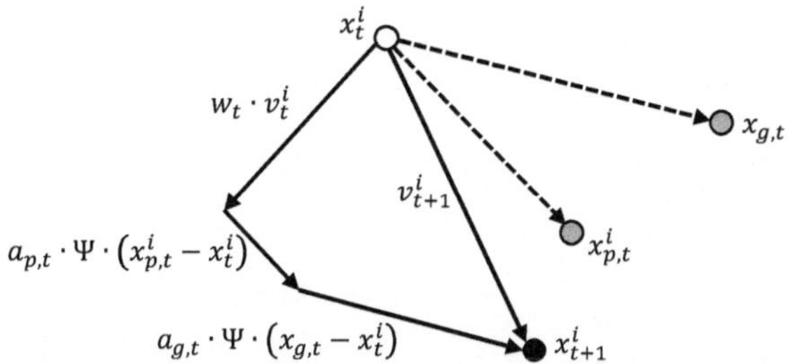

Abb. 5.11: Positionswechsel eines Partikels x^i während eines Zeitschritts

6 Optimierung der ATL-Turbine

In diesem Kapitel werden die Optimierungsstrategie und die Ergebnisse der Optimierung vorgestellt. Einleitend dazu zeigt eine Vorstudie die Einflüsse der Zielgrößen Turbinenwirkungsgrad und Massenträgheitsmoment auf das Motoransprechverhalten. Abschließend werden die optimierten Turbinenräder auf ihre strukturmechanischen Eigenschaften überprüft und ihr Verhalten in weiteren Betriebspunkten untersucht.

6.1 Vorbetrachtungen und Optimierungsstrategie

Ist für eine Motorkonfiguration das Schluckvermögen einer Wastegate-Turbine vorgegeben, so kann das transiente Verhalten des ATL turbinenseitig nur durch den Wirkungsgrad $\eta_{s,T}$ und das Massenträgheitsmoment J_{ATL} beeinflusst werden. Um eine Vorstellung von dem Einfluss dieser Parameter auf transiente Vorgänge, wie das Hochlaufverhalten, zu erhalten, wird eine Parameterstudie in der Motorprozesssimulation mit dem Lastsprungmodell durchgeführt, welches bereits für die Betriebspunktermittlung M-BP2 verwendet wurde. Einen Eindruck von der Belastbarkeit dieser Studie vermittelt die Validierung des Referenzfalls mit der entsprechenden Messung vom Motorprüfstand in Abb. 6.1. Der Gradient dM/dt sowie die benötigte Zeit zum Erreichen des Zielmoments stimmen sehr gut überein. Ein nennenswerter Unterschied ergibt sich lediglich im Endmoment, was auf den geregelten Übergang in den stationären Betrieb des Motors zurückzuführen ist. Das 1-D Modell bildet die Öffnung des Wastegates beim Erreichen des Nennmoments nicht ab, weswegen ein höheres Endmoment berechnet wird, als es sich im realen Motorbetrieb einstellt.

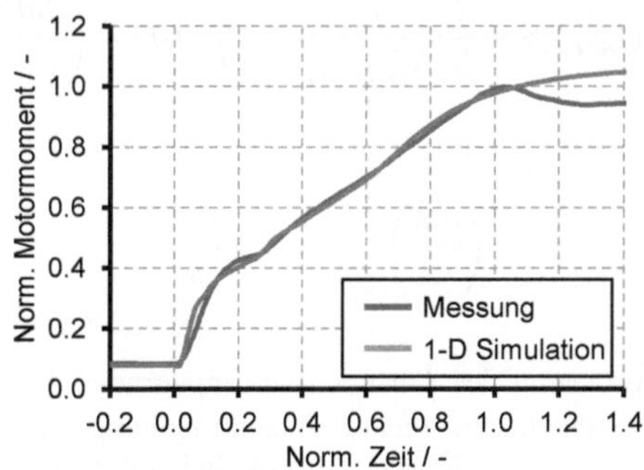

Abb. 6.1: Validierung des 1-D Lastsprungmodells mit Messergebnissen vom Motorprüfstand für $n_M = 1500\ min^{-1}$

Neben der schrittweisen Variation eines Parameters werden auch zwölf kombinierte Parametereinstellungen des Wirkungsgrades $\eta_{s,T}$ und des Massenträgheitsmomentes

J_{ATL} getestet, um Wechselwirkungseffekte untersuchen zu können. Abb. 6.2a zeigt den gesamten Versuchsplan und Abb. 6.2b den normierten Momentenaufbau für die Simulation mit nur einer Parameteränderung. In dieser Abbildung ist der große Einfluss des Turbinenwirkungsgrades $\eta_{s,T}$ auf das erreichbare stationäre Endmoment M_{st} und den mittleren Gradienten $\overline{dM/dt}$ deutlich erkennbar. Letzterer verdeutlicht in Abb. 6.2c die Abhängigkeit des Momentengradienten von der relativen Änderung der beiden Parameter. Die Ermittlung des Gradienten

$$\frac{\overline{dM}}{dt} = \frac{0{,}75 \cdot M_{st} - M_{SVL}}{t(0{,}75 \cdot M_{st}) - t(M_{SVL})} \tag{6.1}$$

erfolgt über den Differenzenquotienten im Intervall zwischen dem Motormoment bei Saugvolllast M_{SVL} und 75% des Wertes des erreichten stationären Endmomentes M_{st}. Die 75%-Grenze gewährleistet zum einen eine eindeutige Auswertung, da der Verlauf noch nicht in den asymptotischen Bereich übergegangen ist und zum anderen wird auch für sehr hohe Wirkungsgradsteigerungen zwischen +10% und +20% die Auswertung weiterhin in einem realistischen Motorbetriebsbereich vorgenommen. Aus diesem Grund werden die Momentenverläufe oberhalb von 120% nicht mehr berücksichtigt. Das 1-D-Modell überschreitet dann realistische Grenzen des Brennverfahrens, welche mit weiterer Steigerung der Turbinenleistung und folglich des Ladedrucks einhergehen.

Im gesamten betrachteten Bereich besteht ein linearer Zusammenhang zwischen dem mittleren Gradienten des Motormomentes $\overline{dM/dt}$ und dem Massenträgheitsmoment des ATL. Eine lineare Regression liefert mit dem Bestimmtheitsmaß $R^2 = 0{,}994$ die Beziehung

$$\frac{\overline{dM}}{dt}(J_{ATL}) \approx -\frac{2}{5} \cdot \left(\frac{J_{ATL}}{J_{ATL,ref}} - 1\right) \cdot 100 + \left(\frac{\overline{dM}}{dt}\right)_{ref}, \tag{6.2}$$

wobei

$$\left(\frac{\overline{dM}}{dt}\right)_{ref} = 62{,}4 \frac{Nm}{s}. \tag{6.3}$$

Auch zwischen der Änderung des Turbinenwirkungsgrades $\eta_{s,T}$ und dem Momentengradienten des Motors besteht ein linearer Zusammenhang, allerdings mit gegenläufiger Steigung und in einem kleineren Gültigkeitsbereich ($-10\% \leq \eta_{s,T}/\eta_{s,T,ref} \leq +10\%$). Die lineare Regression liefert hier mit $R^2 = 0{,}998$ den Zusammenhang

$$\frac{\overline{dM}}{dt}(\eta_{s,T}) \approx \frac{7}{5} \cdot \left(\frac{\eta_{s,T}}{\eta_{s,T,ref}} - 1\right) \cdot 100 + \left(\frac{dM}{dt}\right)_{ref}. \tag{6.4}$$

Mit Gl. (6.2) und Gl. (6.4) lässt sich auch die Auswirkung einer Kombination beider Parameter additiv berechnen

$$\overline{\frac{dM}{dt}}(J_{ATL},\eta_{s,T}) \approx -\frac{2}{5}\cdot\left(\frac{J_{ATL}}{J_{ATL,ref}}-1\right)\cdot 100+\frac{7}{5}\cdot\left(\frac{\eta_{s,T}}{\eta_{s,T,ref}}-1\right)\cdot 100+\left(\overline{\frac{dM}{dt}}\right)_{ref}. \quad (6.5)$$

Mit Hilfe der kombinierten Parameteränderung aus Abb. 6.2a wird die Gl. (6.5) getestet und eine sehr gutes prädiktives Verhalten mit einem Vorhersagemaß von $R^2_{Prog} = 0{,}995$ erzielt, was Abb. 6.2d veranschaulicht.

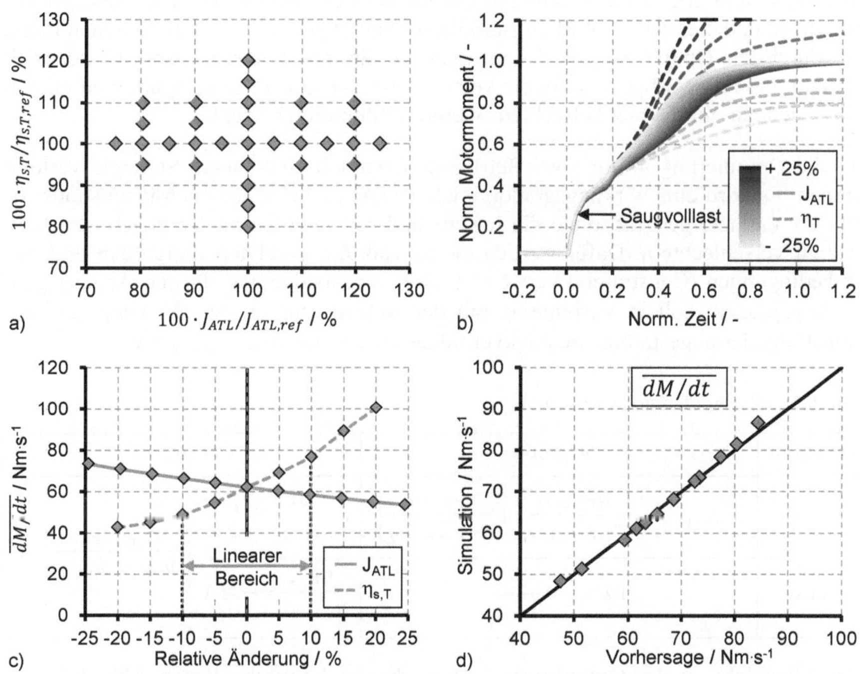

Abb. 6.2: Lastsprung-Simulationen (1D) mit Variationen von $\eta_{s,T}$ und J_{ATL} (n_M=1500 min^{-1})
a) Versuchsplan einzelner (grau) und kombinierter (orange) Parametervariationen
b) Simuliertes Motoransprechverhalten in Abhängigkeit von J_{ATL} oder $\eta_{s,T}$
c) Mittlerer Gradient $\overline{dM/dt}$ in Abhängigkeit der relativen Änderung von J_{ATL} und $\eta_{s,T}$
d) Übereinstimmung zwischen dem simulierten und dem nach Gl. (6.5) prognostizierten mittleren Gradienten $\overline{dM/dt}$ für kombinierte Variationen von J_{ATL} und $\eta_{s,T}$

Darüber hinaus folgt durch Gleichsetzen von Gl. (6.2) und Gl. (6.4), dass für ein unverändertes Dynamikverhalten des Motors, die relative Änderung von Turbinenwirkungsgrad und Massenträgheitsmoment des ATL in dem Verhältnis

$$\frac{\left(\frac{J_{ATL}}{J_{ATL,ref}}-1\right)}{\left(\frac{\eta_{s,T}}{\eta_{s,T,ref}}-1\right)} \approx -\frac{7}{2} \tag{6.6}$$

stehen muss. Nun ließe sich eine zweidimensionale Pareto-Optimierung in eine 1-Ziel-Optimierung überführen, indem Gl. (6.5) als Zielfunktion maximiert wird. Dadurch könnte eine optimale Kombination beider Zielgrößen hinsichtlich des motordynamischen Verhaltens erreicht werden. Zu berücksichtigen ist jedoch, dass die dargestellten Ergebnisse und abgeleiteten Schlüsse ein identisches Turbinenschluckvermögen voraussetzen und die relative Wirkungsgradänderung im gesamten Kennfeld gelten muss, was durch das Optimierungsverfahren nicht gewährleistet werden kann. Es sei noch erwähnt, dass die vorliegende Studie keinen Anspruch auf Allgemeingültigkeit erhebt, da sie sich nur auf die hier betrachtete Motorkonfiguration bezieht.

Für die Optimierung in nur zwei Betriebspunkten soll eine andere Strategie verfolgt werden. Es wird eine wirkungsgradoptimale (ETA) und eine massenträgheitsoptimale (MTM) Variante gesucht, ohne die jeweils andere Zielgröße im Vergleich zur Referenz zu verschlechtern. Dafür werden die in Tab. 6.1 gezeigten Zielgrößen und Nebenbedingungen (Constraints) verwendet. Die Nebenbedingung für den Abgasgegendruck $p_{ein,T-BP1}$ soll in Verbindung mit der Anforderung an den Wirkungsgrad zur Einhaltung des angestrebten Schluckvermögens der Referenzturbine führen.

Tab. 6.1: Zielgrößen und Constraints

Optimum	Zielgröße	Constraints	
ETA	$\uparrow \eta_{T,rel}=\frac{1}{2}\left[\frac{\eta_{T,T-BP1}}{\eta_{T,T-BP1,ref}}+\frac{\eta_{T,T-BP2}}{\eta_{T,T-BP2,ref}}\right]$	$\frac{J_T}{J_{T,ref}} \leq 1$	$\frac{p_{ein,T-BP1}}{p_{ein,T-BP1,ref}} \geq 1$
MTM	$\downarrow J_{T,rel}=\frac{J_T}{J_{T,ref}}$	$\frac{\eta_{T,T-BP1}}{\eta_{T,T-BP1,ref}} \geq 1$	

Eine Übersicht zu der Optimierungshistorie beider Varianten liefert Abb. 6.3. Zunächst wird der gesamte Faktorraum unter der Verwendung des maximalen Variationsbereichs untersucht, was die Datenbasis für die globale Optimierung bildet. Der Versuchsplan DoE 1 besteht aus 350 Experimenten für 35 Faktoren. Da zwei Betriebspunkte untersucht werden, sind 700 CFD-Simulationen nötig. Auf Grundlage dieser Informationen wird für jede Zielgröße und Nebenbedingung ein optimales Metamodell erstellt, was eine Aussage über die Erklärbarkeit der Antwortgrößen in Abhängigkeit aller Faktoren liefert. Das Vorhersagemaß nach Gl. (5.20) wird zudem in Abhängigkeit jedes einzelnen Faktors ermittelt, um die Sensitivität und Erklärbarkeit der Antwortgrößenvariation in Bezug auf diesen zu erhalten. Schließlich wird eine Pareto-Optimierung mit einer evolutionären Strategie, basierend auf den erstellten Metamodellen, durchgeführt und einige pareto-optimale Designs mit Hilfe der CFD-

Simulation überprüft. Da die vorhergesagten Optima einen gewissen Offset aufweisen und die Vorhersagequalität noch verbesserungsfähig ist, wird anschließend der Faktorraum für die ETA- und MTM-Optimierung auf die wichtigsten Größen reduziert und die Faktorgrenzen der jeweiligen Suche angepasst (DoE 2a und DoE 2b). Es folgt eine erneute Metamodellerstellung und eine darauf basierende Single-Objective Optimization (SOO) mit den Algorithmen der ES und der PSO. Nach dieser zweiten Schleife für beide Varianten wird die Suche nach dem massenträgheitsoptimalen Turbinenrad aufgrund sehr guter Vorhersagequalität beendet. Bei der Suche nach dem wirkungsgradoptimalen Turbinenrad wird eine weitere Schwarm-Optimierung in einem nochmals reduzierten und eingegrenzten Faktorraum nachgeschaltet, wobei direkte CFD-Solver Aufrufe verwendet werden. Dies bietet den Vorteil, dass auf einen weiteren Versuchsplan mit Metamodellerstellung verzichtet werden kann und die Optimierungsergebnisse nicht mehr von der Qualität des Metamodells abhängen.

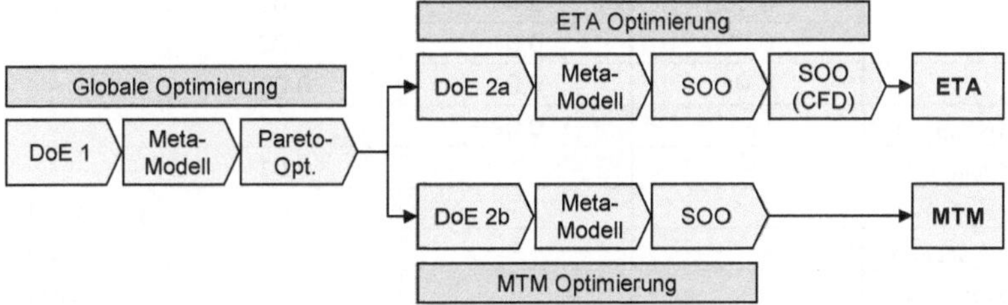

Abb. 6.3: Optimierungshistorie für das wirkungsgradoptimierte (ETA) und massenträgheitsoptimierte (MTM) Turbinenrad

6.2 Globale Optimierung

Aus dem ersten Schritt der Optimierung, der in dieser Arbeit als globale Optimierung bezeichnet wird (Abb. 6.3) ergeben sich u. a. die faktorbezogenen Vorhersagemaße für die Antwortgrößen und das aus der Kombination aller Faktoren resultierende Gesamtvorhersagemaß, welche in Tab. 6.2 dokumentiert sind. Ein Ergebnis dieser Sensitivitätsanalyse ist, dass die Koeffizientensumme der einzelnen Faktoren im Allgemeinen größer ist als der kombinierte Gesamtkoeffizient. Im Gegensatz zum Gesamtvorhersagemaß kann die Koeffizientensumme dabei auch Werte über 1 annehmen. Bei der Interpretation der Sensitivitätsanalyse ist zu berücksichtigen, dass das widergespiegelte Ergebnis für jeden Faktor von seinen gewählten Grenzen abhängt. Die daraus resultierende Auswirkung auf die geometrische Definition des Turbinenrades entscheidet maßgeblich über den ermittelten Einfluss dieses Faktors. Wie in Abschn. 5.1 beschrieben, sind die Definitionsgrenzen einiger Faktoren von anderen abhängig. Existiert solch eine Abhängigkeit, erscheint der Einfluss des Faktors, von dem der Bezug ausgeht, umso größer. Im Gegenzug zeigt der bezogene Faktor einen reduzierten Einfluss. So ergeben sich für den Faktor λ_{LE} beispielsweise sehr hohe Vorhersagemaße, während der bezugnehmende Faktor $\beta_{LE,DS,Span=0}$ (siehe Abschn. 5.1) eine untergeordnete

Bedeutung zu haben scheint. In Anbetracht des großen Variationsbereiches der Faktoren (siehe Tab. A.5) kann den Metamodellen anhand der Vorhersagemaße eine gute Beschreibungsqualität bescheinigt werden.

Tab. 6.2: Vorhersagemaß R^2_{Prog} für die unterschiedlichen Antwortgrößen in Abhängigkeit der einflussreichsten Faktoren (basierend auf den Experimenten von DoE 1)

Faktor	$\eta_{T,T-BP1}$	$\eta_{T,T-BP2}$	J_T	$p_{ein,T-BP1}$
λ_{LE}	0,56	0,57	0,56	0,14
N_B	0,17	0,09	0,05	0,07
R_{TE}	0,07	0,08	0,19	0,21
H_{TE}	0,06	0,05	0,02	0,22
R_V	0,03	0,06	0,11	0,03
R_{LE}	0,03	0,06	0,08	-
h_r	0,02	0,01	0,02	-
L_{ax}	0,01	0,01	0,02	-
$\beta_{LE,DS,Span=0}$	-	0,02	-	-
$h/s_{Span=0,5}$	-	-	0,01	-
$\Delta\Theta_{TE,Span=0}$	-	-	-	0,13
$\beta_{TE,DS,Span=0}$	-	-	-	0,09
$\beta_{TE,DS,Span=0,5}$	-	-	-	0,04
B_V	-	-	-	0,02
Gesamt	0,83	0,87	0,96	0,86

Es fällt auf, dass der Wirkungsgrad in beiden Betriebspunkten, neben der Schaufelanzahl N_B, hauptsächlich von Faktoren beeinflusst wird, welche den effektiven Ein- und Austrittsdurchmesser des Turbinenrades bestimmen. Eine ähnliche Sensitivität weist J_T auf. Hier zeigt sich jedoch eine geringere Bedeutung der Schaufelanzahl und eine größere Abhängigkeit vom Nabenradius am Turbinenaustritt R_{TE}. Der signifikante Einfluss des Volutenradius‘ R_V auf J_T erscheint zunächst nicht plausibel. Dies kann jedoch dadurch erklärt werden, dass R_V für R_{LE} eine variable obere Grenze darstellt, was zu einer gewissen Korrelation der Einflüsse beider Faktoren führt. Der physikalische Grund für die ermittelte Sensitivität liegt aber in dem effektiven Eintrittsdurchmesser der Turbine, welcher in großem Maße von R_{LE} beeinflusst wird. Die Faktorsensitivitäten auf den Abgasgegendruck $p_{ein,T-BP1}$ beziehen sich hauptsächlich auf die geometrische Gestaltung des Turbinenradaustritts und damit auf den Turbinenersatzquerschnitt. Dieser wird auch von der Anzahl der versperrungswirkenden Schaufeln beeinflusst. Zudem ist eine geringfügige Abhängigkeit von den Volutenparametern R_V und B_V zu erkennen, worüber der Eintrittsdrall der Strömung moderat beeinflusst werden kann. Verglichen mit den anderen Antwortgrößen zeigt der Kegelwinkel λ_{LE} einen verhältnismäßig geringen Einfluss auf die erklärbare Variation des Abgasgegendrucks.

Weiter kann man Tab. 6.2 entnehmen, dass der Wirkungsgrad in den beiden Betriebspunkten T-BP1 und T-BP2 mutmaßlich den gleichen Gesetzmäßigkeiten folgt, da den einzelnen Faktoren eine ähnliche Bedeutung zukommt. Diese Vermutung wird durch eine Korrelation der DoE-Ergebnisse beider Betriebspunkte bestätigt. Es wird ein lineurer Korrelationskoeffizient von $\rho^{lin}(\eta_{T,T-BP1}, \eta_{T,T-BP2}) = 0{,}966$ ermittelt. Die dazugehörigen Resultate der globalen Optimierung zeigt Abb. 6.4. Zusätzlich sind bereits die Ergebnisse einiger Varianten aus der Pareto-Optimierung dargestellt (vgl. Abb. 6.6). Diese zeigen eine beinahe ideale lineare Korrelation der Wirkungsgrade in den Betriebspunkten T-BP1 und T-BP2.

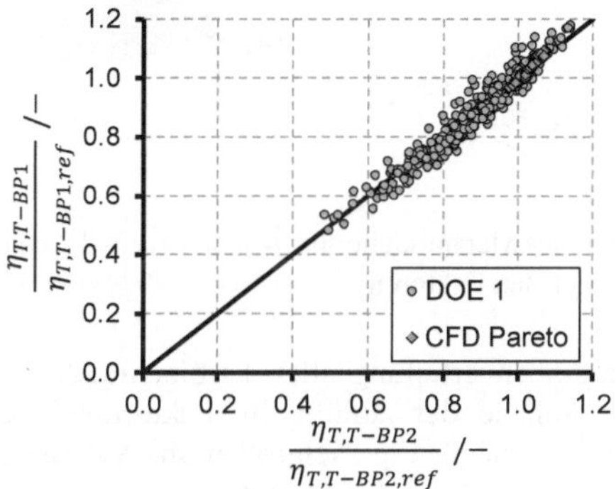

Abb. 6.4: Korrelation des Turbinenwirkungsgrades in den Betriebspunkten T-BP1 und T-BP2

In Abb. 6.5 werden die Antwortflächen, beispielhaft für $\eta_{T,T-BP1}$ und J_T, jeweils in Abhängigkeit der zwei einflussreichsten Faktoren gezeigt. Die übrigen Faktoren werden hierzu auf ihren Mittelwert eingestellt, woraus die Abweichungen zwischen den Antwortflächen und den einzelnen Experimenten (Punktdarstellung) resultieren.

Der Wirkungsgrad in T-BP1 ist für die gewählten Faktoreinstellungen optimal bei einer Radialturbine und einer Schaufelanzahl $N_B = 8$. Ein maximaler Wirkungsgradabfall ist für Axialturbinen mit einer geringen Schaufelanzahl zu verzeichnen. Das Massenträgheitsmoment der Turbine zeigt ein erwartungskonformes Verhalten in Abhängigkeit der beiden Faktoren, die im Wesentlichen den effektiven Ein- und Austrittsdurchmesser der Turbine bestimmen. Die Beschreibung der Antwortgrößen aus Tab. 6.2 erfolgt hauptsächlich mit Hilfe von Polynomen nach der PLS-Methode. Lediglich die Beschreibung des Eintrittsdrucks $p_{ein,T-BP1}$ führt über eine interpolierende MLS-Annäherung mit quadratischen Basisfunktionen zu einem höheren Vorhersagemaß.

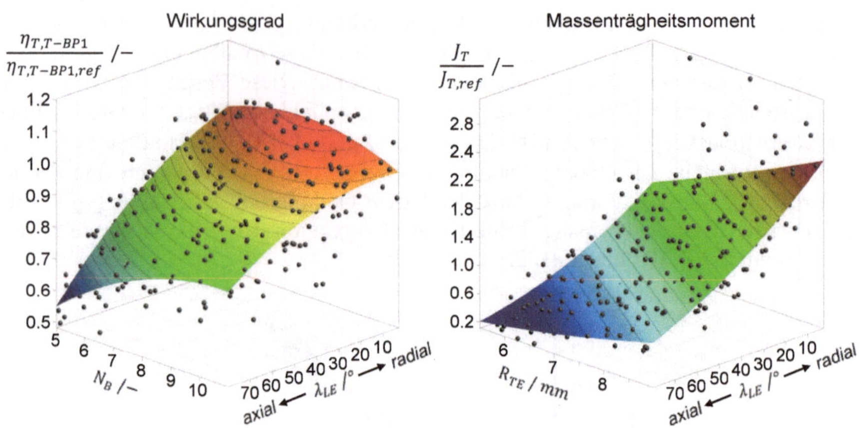

Abb. 6.5: Antwortflächen der Metamodelle für $\eta_{T,T-BP1}$ (l) und J_T (r) in Abhängigkeit ihrer zwei einflussreichsten Faktoren

Abb. 6.6 zeigt die Zielgrößenverteilung aller Turbinenraddesigns, die sich aus dem Versuchsplan ergeben. Anhand der zufällig im Faktorraum verteilten Experimente zeichnet sich bereits eine Front für die Zielgrößen ab. Auf Basis der erstellten Metamodelle wird die Pareto-Optimierung durchgeführt.

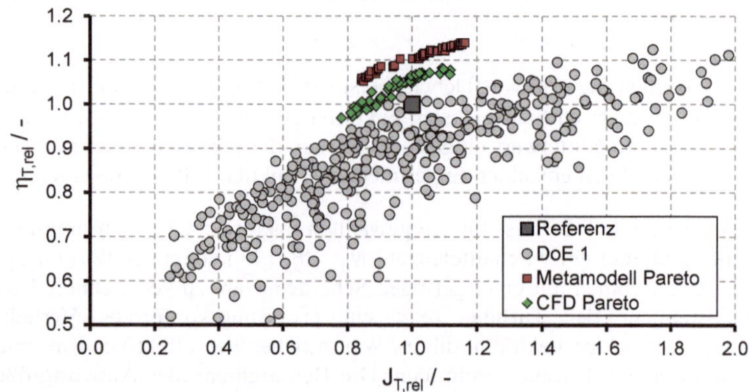

Abb. 6.6: Zielgrößenverteilung des Versuchsplans DoE 1 sowie einiger Varianten aus der Pareto-Optimierung

Die anschließende simulative Überprüfung für einen Teil der Varianten aus der vorhergesagten Pareto-Front weist eine gute Beschreibung der Tendenzen nach. Es ist allerdings ein deutlicher Offset erkennbar. Die Größe der Abweichungen entspricht dabei nahezu dem Vorhersagemaß der jeweiligen Zielgröße. Zu tendenziell größeren

Abweichungen kann es an den Rändern des DoE-Plans kommen, da dort eine gewisse Extrapolation für die Erstellung des Metamodells nötig ist. Nach diesem ersten Optimierungsschritt konnte bereits eine relative Steigerung des Wirkungsgrades um +6,1% bzw. eine relative Reduzierung des Massenträgheitsmoments um -18,3% ermittelt werden, ohne die jeweils andere Zielgröße zur Referenz zu verschlechtern. Allerdings zeigt Abb. 6.7 für die dargestellten Pareto-Varianten, dass die Übereinstimmung zwischen der Metamodellprognose und der Überprüfung mittels CFD-Simulation und CAD-Analyse noch verbesserungsfähig ist. Der zugehörige RMS-Fehler wird nach Gl. (6.7) ermittelt und zeigt, dass trotz einer guten Trendwiedergabe der pareto-optimalen Varianten mittlere Abweichungen von bis zu 9,2% auftreten

$$RMSE = \frac{1}{n}\sum_{i=1}^{n}(\hat{y}_i - y_i)^2. \tag{6.7}$$

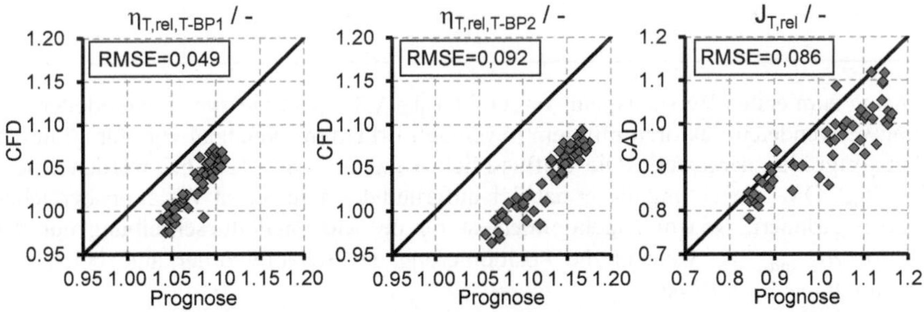

Abb. 6.7: Unterschied zwischen der Zielgrößenprognose und der CFD- bzw. CAD-Analyse für die betrachteten Pareto-Varianten

6.3 ETA-Optimierung

Für die verfeinerte Wirkungsgrad-Optimierung wird ein weiterer Versuchsplan berechnet (DoE 2a). Dieser enthält neben den 14 sensitiven Faktoren aus Tab. 6.2 noch acht weitere Faktoren zur Beschreibung der Gehäuse- und Nabenkontur sowie der Schaufelwinkel. Die Geometrievariation aus den zuletzt genannten Faktoren soll trotz ihrer Vernachlässigung in der Metamodellerstellung beim Versuchsplan DoE 1 weiterhin untersucht werden, da deren Einfluss in einem reduzierten Suchraum infolge der geänderten Faktorgrenzen steigen kann. Die Bestimmung dieser Grenzen richtet sich maßgeblich nach den Erkenntnissen, die während der globalen Optimierung (Abschn. 6.2) gewonnen wurden. Beispielweise wird der Kegelwinkel nur noch im Bereich $1° \leq \lambda_{LE} \leq 25°$ variiert, da die bisherigen Ergebnisse auf eine radiale Bauweise für ein wirkungsgradoptimales Turbinenrad hindeuten. Auch die Schaufelanzahl wird nur noch im Bereich $6 \leq N_B \leq 9$ variiert, weil sich die bislang vielversprechendsten Varianten in diesem Bereich befanden (vgl. auch Abb. 6.5).

Eine erste Evaluation des Versuchsplans DoE 2a erfolgt nach 200 Experimenten. Dazu werden die erstellten Metamodelle auf ihre Vorhersagequalität untersucht. In einem zweiten Schritt werden 50 weitere Experimente hinzugefügt, was an der Beschreibungsqualität kaum noch etwas ändert. Daher kann die Versuchsplanung hier beendet werden. Dies wird in Tab. 6.3 anhand des optimalen Vorhersagemaßes für die Antwortgrößen dokumentiert. Für die Beschreibung dieser Größen liefert das interpolierende MLS-Verfahren die besten Ergebnisse, wobei quadratische Basisfunktionen für J_T und $p_{ein,T-BP1}$ und lineare Basisfunktionen für $\eta_{T,T-BP1}$ und $\eta_{T,T-BP2}$ verwendet werden.

Tab. 6.3: Vorhersagemaß R^2_{Prog} für die Antwortgrößen in DoE 2a

N /-	$R^2_{Prog}(\eta_{T,T-BP1})$	$R^2_{Prog}(\eta_{T,T-BP2})$	$R^2_{Prog}(J_T)$	$R^2_{Prog}(p_{ein,T-BP1})$
200	0,95	0,95	0,98	0,94
250	0,95	0,96	0,98	0,94

Analog zum ersten Versuchsplan werden in Tab. A.3 erneut die zur Metamodellerstellung verwendeten Faktoren mit dem jeweiligen Erklärungspotenzial zur Variation der Antwortgrößen dargestellt. Die einflussreichen Faktoren aus Tab. 6.2 werden erneut bestätigt. Die Gewichtung dieser hat sich aufgrund des reduzierten Variationsbereiches jedoch geändert. Neu hinzugekommen ist für die Metamodellbeschreibung nur der Faktor $\Theta_{LE,Span=0,5}$, welcher die Positionierung der Schaufelvorderkante bei halber Schaufelhöhe beeinflusst.

Basierend auf den Metamodellen folgt eine SOO mit einer evolutionären Strategie und einer Populationsgröße von 50 Individuen. Der Verlauf für die Wirkungsgradzielfunktion wird in Abb. 6.8 gezeigt. Zu jedem Optimierungsdesign ist zusätzlich die Schaufelanzahl dargestellt. Der Konvergenzverlauf deutet erneut auf eine optimale Schaufelanzahl $N_B = 8$ hin.

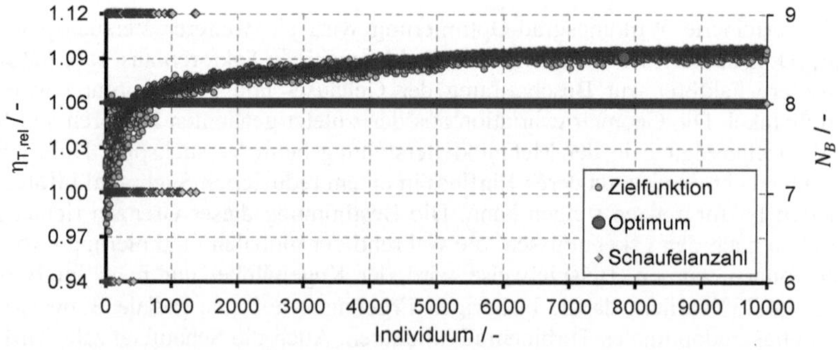

Abb. 6.8: Konvergenzverlauf der SOO mit einem ES-Algorithmus basierend auf Metamodellen

Nach 7824 Evaluationen wird ein optimales Design gefunden, welches die geforderten Nebenbedingungen erfüllt. Es wird eine relative Wirkungsgradsteigerung von +9,2% gegenüber der Referenz vorausgesagt. Die CFD-Simulation und CAD-Analyse des Designs zeigt allerdings erneut, dass die Beschreibungsmodelle zu optimistische Werte liefern. Die Unterschiede zwischen den prognostizierten Antwortgrößen und der Überprüfung sind in Tab. 6.4 dargestellt.

Tab. 6.4: Übersicht der Antwortgrößen des Optimums für die Prognose und die Überprüfung

	$\frac{\eta_{T,T-BP1}}{(\eta_{T,T-BP1})_{ref}}/-$	$\frac{\eta_{T,T-BP2}}{(\eta_{T,T-BP2})_{ref}}/-$	$\frac{J_T}{J_{T,ref}}/-$	$\frac{p_{ein,T-BP1}}{p_{ein,T-BP1,ref}}/-$
Prognose	1,098	1,086	0,99	1,008
CFD / CAD	1,081	1,077	1,05	0,981

Während sich für die Wirkungsgradzielfunktion eine relativ geringe Abweichung von 1,2% ergibt, treten größere Abweichungen von der Prognose bei den Nebenbedingungen auf. Zum einen weist das ermittelte Design ein um 6% größeres Massenträgheitsmoment auf und zum anderen stellt sich ein um 1,9% geringerer Eintrittsdruck ein. Das Ziel ist jedoch ein identisches Schluckvermögen der Turbinen, sodass die Steigerung des Wirkungsgrades durch eine Vergrößerung der Turbinenleistung hervorgerufen wird und nicht durch eine Reduzierung des Abgasgegendrucks.

Auf Grundlage der bisherigen Ergebnisse wird eine weitere, abschließende Optimierungsschleife durchlaufen. Mit Hilfe der DoE-Methoden wurden die einflussreichsten Faktoren identifiziert sowie eine Reduzierung ihres Variationsraumes vorgenommen. Dies wird für die direkte CFD-Optimierung genutzt, um die Konvergenz zum Optimum zu beschleunigen. Für die direkte Optimierung mit relativ wenigen Designs sollen „harte" Grenzen des zulässigen Bereichs vermieden werden. Hierzu wird die Toleranzgrenze für die Druck-Nebenbedingungen um 1% und für das maximal zulässige Trägheitsmoment um 3% vergrößert. Es werden neben den vernachlässigbaren Faktoren zum Teil auch einflussreiche Faktoren konstant gesetzt, wenn diese im Vorfeld an ihren Grenzwert gestoßen sind. Aus diesem Grund beschränkt sich dieser Optimierungsdurchgang auch nur auf Radialturbinen, da der Kegelwinkel mit $\lambda = 1°$ als optimal festgelegt wird. Ebenso wird anhand der Voruntersuchung die Schaufelanzahl mit $N_B = 8$ als optimal bewertet und konstant gehalten. Der verwendete Schwarmalgorithmus zur Optimierung der verbliebenden 13 Freiheitsgrade startet zunächst mit einer gleichmäßigen Verteilung in einem eingegrenzten Suchraum, wobei mit fortschreitendem Zeitschritt eine progressive Konvergenz vorgegeben wird. In Abb. 6.9a wird die Bewegung des aus 15 Partikeln bestehenden Schwarms in 12 Zeitschritten t_{1-12} anhand der Zielgröße $\eta_{T,rel}$ gezeigt. Nach 10 Zeitschritten wird ein wirkungsgradoptimales Design gefunden, welches alle Nebenbedingungen erfüllt. Der Optimierungsprozess wird nach zwei weiteren Zeitschritten abgebrochen, da das eingestellte Konvergenzkriterium erreicht wird. Die Konvergenz ist darüber hinaus auch anhand der Variationsbreite im Verlauf der Faktorwerte erkennbar, was in Abb. 6.9b beispielhaft für den Faktor B_V gezeigt wird.

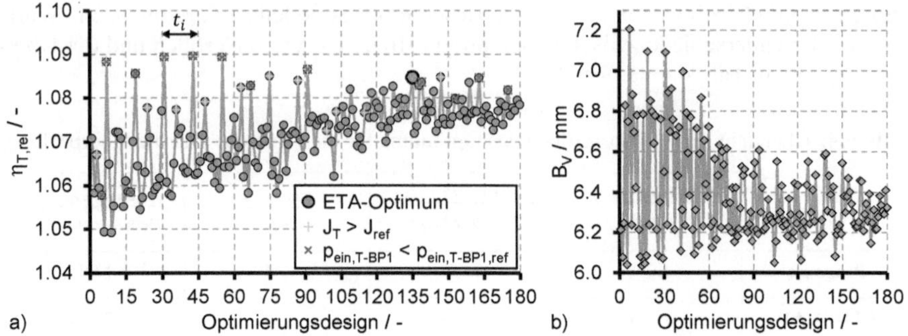

Abb. 6.9: Direkte CFD-SOO mit einem Schwarm-Algorithmus im reduzierten Faktorraum

a) Konvergenzverlauf der Zielgröße $\eta_{T,rel}$ b) Konvergenzverlauf des Faktors B_V

Das Resultat der Optimierung ist eine relative Steigerung des mittleren polytropen Turbinenwirkungsgrades um 8,5% in den Betriebspunkten T-BP1 und T-BP2. In Tab. 6.5 sind außerdem die Resultate für die Nebenbedingungen aufgelistet, die deutlich näher an dem angestrebten Wert von 1 sind als im vorherigen Optimierungsschritt. Durch die überlagerte Darstellung der Geometrien in Abb. 6.10 werden die Unterschiede der ETA-Turbine im Vergleich zur Referenzturbine deutlich. Ein detaillierter Vergleich der Geometrien erfolgt in Abschn. 6.4 zusammen mit dem massenträgheitsoptimierten Turbinenrad.

Tab. 6.5: Ergebnisse der ETA-Optimierung

$\frac{\eta_{T,T-BP1}}{(\eta_{T,T-BP1})_{ref}}$ /–	$\frac{\eta_{T,T-BP2}}{(\eta_{T,T-BP2})_{ref}}$ /–	$\frac{J_T}{J_{T,ref}}$ /–	$\frac{J_{ATL}}{J_{ATL,ref}}$ /–	$\frac{p_{ein,T-BP1}}{p_{ein,T-BP1,ref}}$ /–
1,089	1,081	0,995	0,997	0,992
$\eta_{T,rel}$ =1,085				

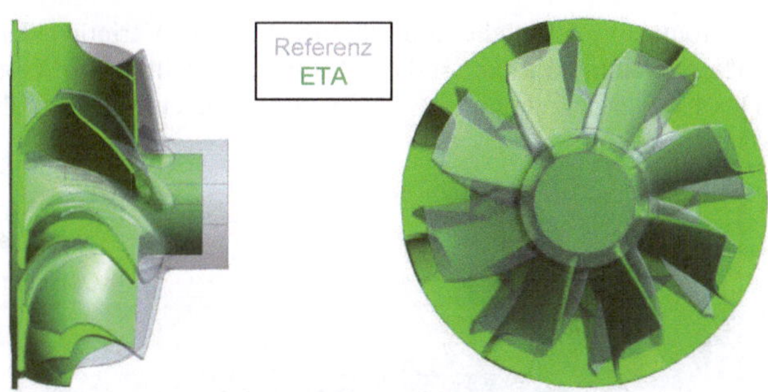

Abb. 6.10: Darstellung der geometrischen Unterschiede zwischen der Referenz- und der ETA-Turbine in der radialen (l.) und der axialen (r.) Ansicht

6.4 MTM-Optimierung

Für die Optimierung der Massenträgheit des Turbinenrades wird analog zu Abschn. 6.3 ein Versuchsplan (DoE 2b) erstellt, welcher 200 Experimente umfasst. Allerdings wird die strömungsmechanische Bewertung der Designs nur in dem Betriebspunkt T-BP1 durchgeführt, da bereits eine ausreichend gute Korrelation zu T-BP2 nachgewiesen werden konnte. Dies geht mit einer deutlichen Reduzierung des Optimierungsaufwandes einher. Die Optimierung wird zudem auf 15 Freiheitsgrade beschränkt. Die Auswahl der aktiven Faktoren sowie die Festlegung der jeweiligen Grenzen basieren auf den gewonnenen Erkenntnissen aus den Abschnitten 6.2 und 6.3. Beispielsweise wird der Kegelwinkel nur noch in den Grenzen $40° \leq \lambda_{LE} \leq 55°$ variiert, da das gesuchte Optimum in diesem Bereich erwartet wird. Aus dem gleichen Grund entfällt der Faktor für die Schaufelanzahl, da dieser mit $N_B = 8$ konstant gesetzt wird. Durch diese Maßnahmen wird eine verbesserte Prognosequalität der Metamodelle erwartet. Die Ergebnisse aus Tab. 6.6 bestätigen dieses Vorgehen, da sehr hohe Vorhersagemaße für die Antwortgrößen erreicht werden. Die verwendeten Beschreibungsmodelle beruhen auf dem PLS-Verfahren. Zum detaillierten Einfluss der zur Metamodellbildung genutzten Faktoren auf die Variation der Antwortgrößen sei erneut auf den Anhang verwiesen (Tab. A.4).

Tab. 6.6: Beschreibungsmodelle und Vorhersagemaße der Antwortgrößen

	$\frac{\eta_{T,T-BP1}}{(\eta_{T,T-BP1})_{ref}}$	$\frac{J_T}{J_{T,ref}}$	$\frac{p_{ein,T-BP1}}{p_{ein,T-BP1,ref}}$
Math. Modell	Quadratische Regression	Lineare Regression	Quadratische Regression
R^2_{Prog}	0,97	0,98	0,97

Die vom Beschreibungsmodell nicht zu erklärende mittlere Variation der Antwortgrößen ist mit 2-3% ausreichend klein, sodass die metamodellbasierte Optimierung anwendbar ist. Der Konvergenzverlauf des dafür verwendeten Schwarmalgorithmus ist in Abb. 6.11 dargestellt.

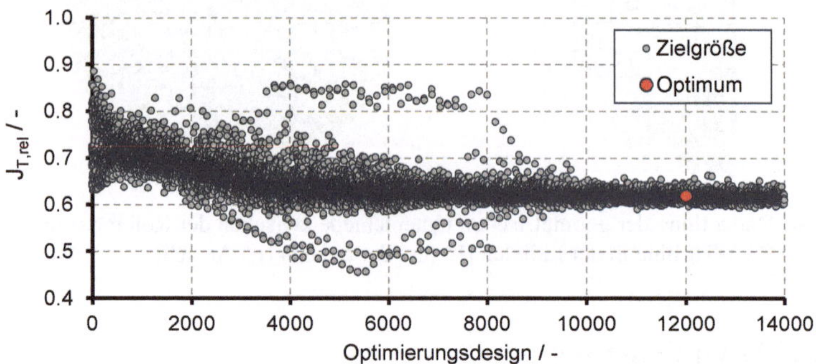

Abb. 6.11: Konvergenzverlauf des Schwarmalgorithmus basierend auf Metamodellen

Es wird mit 50 Partikeln ein deutlich größerer Schwarm verwendet als in Abschn. 6.3, da die Anzahl der benötigten Solver-Aufrufe bei der Verwendung von Metamodellen nachrangig ist. Nach 240 Zeitschritten wird ein Optimum gefunden, welches bei der Erfüllung aller Nebenbedingungen das geringste Massenträgheitsmoment aufweist. Da es auch nach 40 weiteren Zeitschritten zu keiner weiteren Verbesserung kommt, wird die Optimierung an dieser Stelle beendet. Es ergeben sich die in Tab. 6.7 dargestellten Optimierungsergebnisse.

Die Überprüfung des optimierten Parametersatzes mit Hilfe der CFD-Simulation zeigt eine sehr gute Übereinstimmung mit den prognostizierten Antwortgrößen. Im Anschluss wird auch eine Strömungssimulation für den Betriebspunkt T-BP2 mit der optimierten Geometrie durchgeführt und dabei eine relative Reduzierung des Wirkungsgrades um ca. 2% im Vergleich zur Referenz ermittelt.

Tab. 6.7: Optimierungsergebnisse der MTM-Optimierung

	$\frac{\eta_{T,T-BP1}}{(\eta_{T,T-BP1})_{ref}}$ /-	$\frac{\eta_{T,T-BP2}}{(\eta_{T,T-BP2})_{ref}}$ /-	$\frac{J_T}{J_{T,ref}}$ /-	$\frac{J_{ATL}}{J_{ATL,ref}}$ /-	$\frac{p_{ein,T-BP1}}{p_{ein,T-BP1,ref}}$ /-
Prognose	1,001	-	0,611	0,738	1,001
CFD / CAD	0,998	0,978	**0,618**	**0,743**	0,996
	$\eta_{T,rel}$ **=0,988**				

Auf eine weitere Optimierungsschleife wird verzichtet, da die zum Versuchsplan 2b gehörenden Metamodelle eine sehr gute Prognosequalität aufweisen und auch die Abweichung des vorhergesagten Optimums zu den Ergebnissen der CFD-Simulation relativ gering sind. Die resultierende Turbinengeometrie ist mit der Referenzturbine in Abb. 6.12 überlagert dargestellt. Analog dazu ist ein Vergleich der Geometrien der ETA- und MTM-Turbine in Abb. A.10 zu finden.

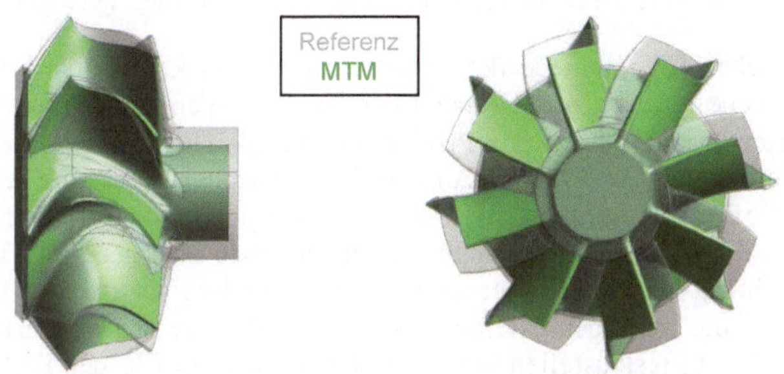

Abb. 6.12: Darstellung der geometrischen Unterschiede zwischen der Referenz- und der MTM-Turbine in der radialen (l.) und der axialen (r.) Ansicht

Für eine detaillierte Untersuchung der geometrischen Unterschiede zwischen den Turbinenrädern ist ein Vergleich der Meridianschnitte und der einzelnen Schaufelprofile, analog zur verwendeten Parametrisierungsstrategie, sehr gut geeignet. Hierzu verdeutlicht Abb. 6.13 zunächst die Unterschiede der Schaufelabmessungen in der Meridianebene.

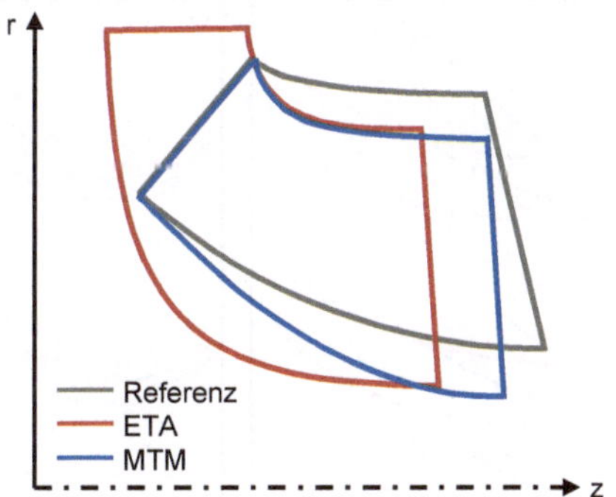

Abb. 6.13: Vergleich der Schaufelkonturen in der Meridianebene

Am Turbinenaustritt weisen die ETA- und MTM-Turbine im Vergleich zu Referenz eine ähnlich große Reduzierung des Durchmessers auf, die im Wesentlichen durch einen verkleinerten Nabenaustritt hervorgerufen wird. Hierdurch wird die Massenträgheit der beiden Turbinen signifikant verringert. Zudem ist die axiale Ausdehnung der ETA-Turbine verkürzt und die Nabenkontur sehr tief ausgeschnitten, sodass die größere Massenträgheit aus der radialen Bauweise im Vergleich zur Referenz insgesamt ausgeglichen wird. Die Eintrittsgeometrie der MTM-Turbine weist eine auffällig starke Ähnlichkeit zur Referenz auf. Aus dem größeren Durchmesserunterschied zwischen Ein- und Austritt ergibt sich für die Nabenkontur der MTM-Turbine ein steilerer Verlauf. Auch zeigt sich eine etwas kürzere meridionale Schaufellänge an der Nabe, da die Neigung der Schaufelhinterkante, wie bei der ETA-Turbine, geringer ausfällt.

Die geometrischen Unterschiede der Schaufelprofile werden in Abb. 6.14 in der Blade-to-Blade Ebene gezeigt. Aus Gründen der besseren Vergleichbarkeit beziehen sich die überlagerten Darstellungen der Profile auf die gleiche Umfangskoordinate Θ für die Positionierung der Vorderkante. Anhand der Darstellung lässt sich feststellen, dass die Schaufelprofile der optimierten Turbinen im Vergleich zur Referenz deutlich kleinere Schaufelwinkel an der Hinterkante aufweisen sowie eine geringere Umschlingung in Umfangsrichtung besitzen. Letzteres trifft insbesondere auf die Profile der MTM-Turbine zu, für die außerdem kleinere Schaufelwinkel an der Vorderkante im Vergleich zur Referenz festzustellen sind. Für die Schaufelprofile der ETA-Turbine sind aufgrund der radialen Bauweise nur sehr geringe Abweichungen von $\beta_{LE} = 0°$ möglich. Bei 10% der Schaufelhöhe ergibt sich immerhin ein positiver Schaufelwinkel β_{LE} von etwa 12°. Durch dieses Auslegungsmerkmal können trotz der starken Neigung der Vorderkante (lean) von der Nabe zum Gehäuse (siehe Abb. 6.10) die erforderlichen Festigkeitskriterien erfüllt werden. Eine detaillierte Übersicht aller Definitionsgrößen der drei Turbinen sowie deren Einordnung in die maximal verwendeten Grenzen bei der Optimierung wird abschließend in Tab. A.5 gezeigt.

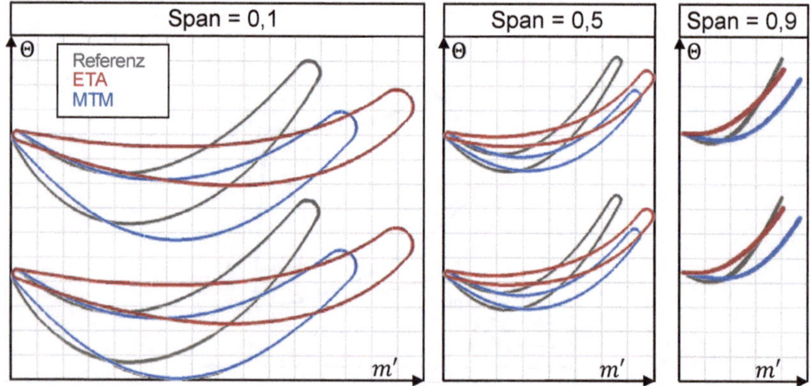

Abb. 6.14: Vergleich der Schaufelprofile bei 10%, 50% und 90% der Schaufelhöhe

6.5 Strukturmechanische Betrachtung

Trotz eingehender Vorüberlegungen von zulässigen Parameterkombinationen zur Erfüllung der strukturmechanischen Anforderungen (Abschn. 5.1) werden die optimierten Turbinen auf ihre Festigkeitseigenschaften überprüft. Hierfür werden neben der maximalen Hauptspannung des Turbinenrades auch die Eigenfrequenzen der Schaufeln betrachtet, um das HCF-Verhalten (**H**igh **C**ycle **F**atique) bewerten zu können. Dazu wird eine Festkörpersimulation nach der Methode der finiten Elemente mit ANSYS 14.0 durchgeführt. Für das linear elastische Materialmodell werden die Kennwerte für Inconel 713C verwendet. Als Randbedingungen werden die maximal zulässige ATL-Drehzahl $n_{ATL,max} = 240000\ min^{-1}$ und ein homogenes Temperaturfeld ($T = 600°C$) vorgegeben. Als maximal zulässige Spannung wird die 0,2%-Dehngrenze $R_{p,0,2}$ des Werkstoffs bei dieser Temperatur definiert. Temperaturgradienten im Material sowie Gaskräfte werden bei der Simulation bewusst vernachlässigt. Insbesondere Letztere sind für die Berechnung des Spannungsniveaus im Vergleich zu den Zentrifugalkräften von untergeordneter Bedeutung (Heuer et al. 2006).

Im Gegensatz dazu sind oszillierende Gaskräfte bzw. Druckschwankungen im Strömungsfeld von großer Bedeutung für das HCF-Verhalten. Diese werden durch die Rotation des Turbinenrades im asymmetrischen Turbinengehäuse hervorgerufen und stellen drehzahlsynchrone Anregungen dar. Bei ATL-Turbinen ohne Leitschaufeln stellt das Nachlaufgebiet der Volutenzunge die Hauptanregungsquelle für die Rotorschaufeln dar. Zur Vermeidung von HCF-Schäden sind Resonanzen zwischen den Eigenmoden der Schaufeln und den drehzahlharmonischen Frequenzen zu vermeiden. Als hinreichendes Kriterium zur Berücksichtigung von kritischen Anregungen hat sich die Auslegung von Turboladerturbinen bis zur 4. oder 5. Drehzahlordnung erwiesen (Heuer et al. 2008). Mit einem Sicherheitsfaktor von 1,125 auf die 4. Drehzahlordnung wird die 4,5-fache Ordnung der Maximaldrehzahl als Auslegungskriterium gewählt. Somit müssen die optimierten Turbinen die Kriterien (a) und (b) erfüllen.

(a) $$\sigma_{max} < R_{p,0,2} = 745\ Nmm^{-2} \tag{6.8}$$

(b) $$f_e > 4{,}5 \cdot n_{ATL,max} = 18000\ Hz \tag{6.9}$$

In Abb. 6.15 wird die maximale Hauptspannung σ_{max} der optimierten Turbinenräder im Vergleich zur Referenzturbine dargestellt. Die höchsten Spannungen treten jeweils am Schaufelfuß, jedoch an unterschiedlichen Stellen auf, welche in der Seitenansicht der Turbinen markiert sind. Die maximale Hauptspannung σ_{max} ist im Vergleich zur Referenz um 6,4% für die MTM-Turbine und um 13,0% für die ETA-Turbine leicht angestiegen. Die optimierten Turbinen haben trotz der höheren Maximalspannung mit $\sigma_{max,ETA} = 0{,}78 \cdot R_{p,0,2}$ bzw. $\sigma_{max,MTM} = 0{,}74 \cdot R_{p,0,2}$ weiterhin einen deutlichen Sicherheitsabstand zur 0,2%-Dehngrenze und werden daher als unkritisch bewertet. Erwähnenswert ist noch die vergleichsweise hohe Belastung des Radrückens bei der Radialturbine. Die höchste Spannung von $\sigma_{max} = 582\ Nmm^{-2}$ tritt jedoch ebenfalls am Schaufelfuß auf, was durch den positiven Schaufelwinkel an der Schaufelvorderkante $\beta_{LE,Span=0} \approx 12°$ hervorgerufen wird und die geringe Toleranzspanne von Radialturbinen gegenüber Schaufelwinkeln $\beta_{LE} \neq 0°$ nachweist.

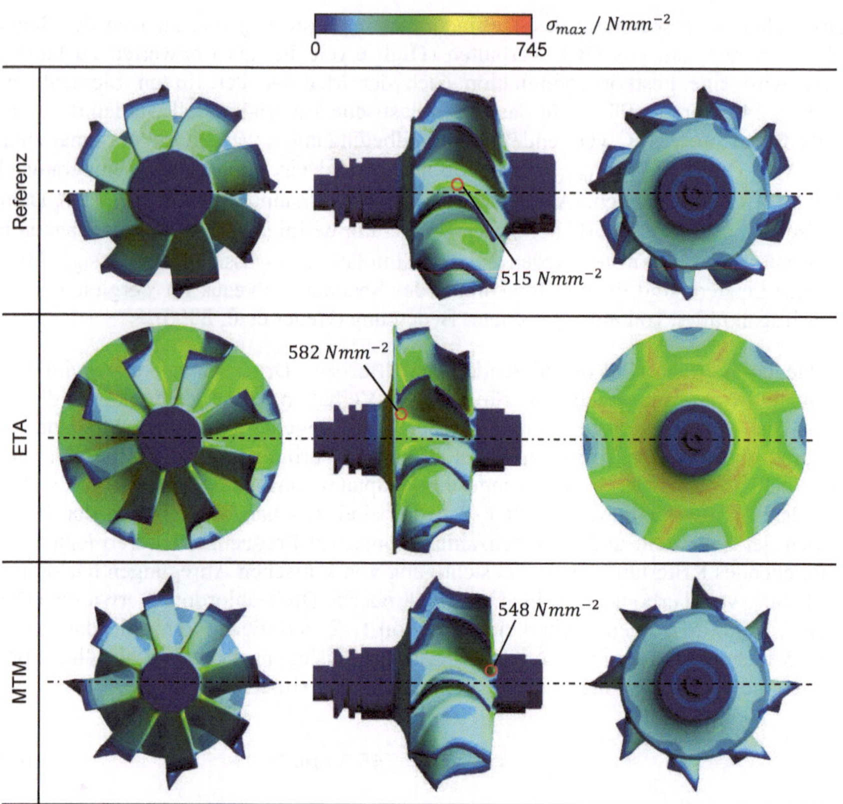

Abb. 6.15: Maximale Hauptspannung der Turbinenräder in Vorder-, Seiten- und Rückansicht

Es folgt die Untersuchung des HCF-Verhaltens. Dazu wird in Abb. 6.16 die erste Eigenmode der Schaufelschwingung gezeigt. Die dargestellten unterschiedlichen Schwingungsformen sind dabei abhängig von der Ausbildung der dazugehörigen Schwingungsknoten (SK). Es existieren für jede Turbine weitere Eigenformen der Schaufelschwingung. Da über die Intensität der entsprechenden Anregung jedoch keine gesicherten Aussagen möglich sind, wird die niedrigste Frequenz der Eigenmoden als kritisch angesehen. Diese ist in Abb. 6.16 für jede Turbine dokumentiert und entspricht einer Vielfachen der maximalen ATL-Drehzahl von

- $f_{e,ref} = 5{,}47 \cdot n_{ATL,max}$,
- $f_{e,ETA} = 4{,}61 \cdot n_{ATL,max}$ und
- $f_{e,MTM} = 5{,}06 \cdot n_{ATL,max}$.

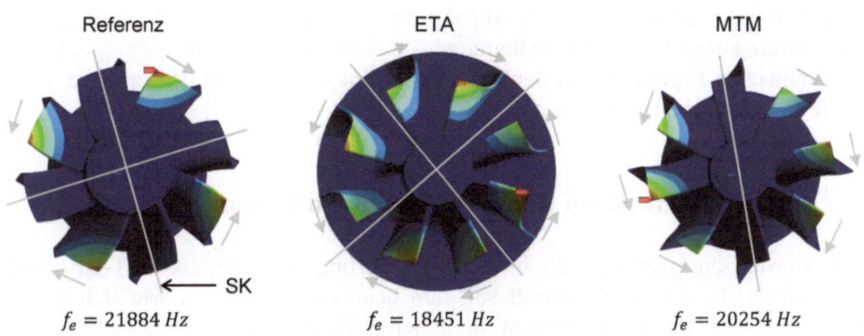

Abb. 6.16: Erste Eigenmode der Schaufelschwingung mit Darstellung der Schwingungsknoten

In Abb. 6.17 ist das Campbell-Diagramm dargestellt, in dem die Resonanzstellen zwischen der Eigenfrequenz der ersten Schaufel-Eigenmode und den Drehzahlordnungen markiert sind. Für die Modalanalyse wird der Einfluss der Schaufelversteifung infolge der Fliehkraft für drei verschiedene Drehzahlen berücksichtigt, was sich in einem leichten Anstieg der Eigenfrequenzen mit zunehmender Drehzahl äußert. Da jede Turbine acht Schaufeln besitzt, ist eine Anregung bis zur 8. Drehzahlordnung (DO) aufgrund der Interaktion des rotierenden Turbinenrades mit dem Gehäuse denkbar. Anregungen von den als kritisch eingestuften Drehzahlordnungen treten im Drehzahlbereich des ATL nicht auf.

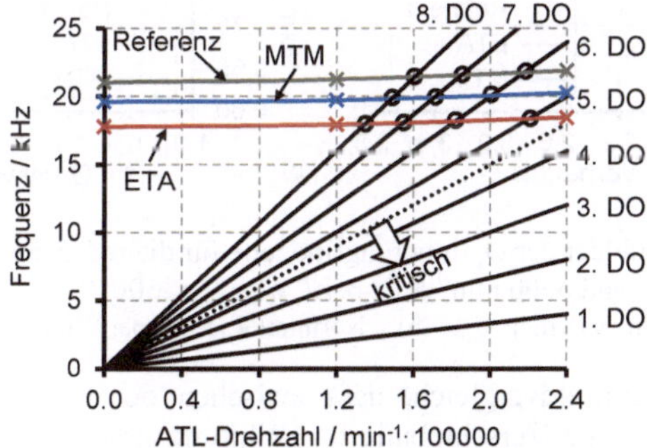

Abb. 6.17: Campbell-Diagramm für die Turbinenräder bei 600°C – Darstellung der ersten Schaufeleigenfrequenz

Zusammenfassend können für die optimierten Turbinen ausreichende Festigkeitseigenschaften nachgewiesen werden, da sie die Bewertungskriterien (a) und (b) erfüllen. Sie müssen sich somit keiner weiteren Iterationsschleife zwischen der aerodynamischen und strukturmechanischen Bewertung unterziehen, wodurch der ausgewiesene Optimierungsgewinn bestehen bleibt. Die Ergebnisse bestätigen das Vorgehen aus Abschn. 5.1, bei der die automatische Anpassung von geometrischen Definitionsgrenzen zur Einhaltung von Festigkeitsbedingungen beschrieben wird. Die sehr guten strukturmechanischen Eigenschaften der Referenzturbine werden von den optimierten Turbinen jedoch nicht ganz erreicht.

6.6 Kennfeldsimulation der optimierten Turbinen

Bisher wurden die Turbinen nur in den Optimierungsbetriebspunkten T-BP1 und T-BP2 bewertet. In diesem Abschnitt soll nun beantwortet werden, wie sich das Wirkungsgrad- und Durchsatzverhalten in anderen Betriebspunkten darstellen. Hierzu wird ein Kennfeldausschnitt anhand von drei Drehzahlkennlinien berechnet. Wie Abb. 6.18 verdeutlicht, ergeben sich nur geringe Unterschiede im Schluckvermögen bzw. im Durchsatzverhalten der drei Turbinen. Zudem zeigen die Turbinen qualitativ ein ähnliches Wirkungsgradverhalten, sodass die ermittelten Wirkungsgradunterschiede in den Optimierungsbetriebspunkten auch in einem weiten Kennfeldbereich Gültigkeit besitzen.

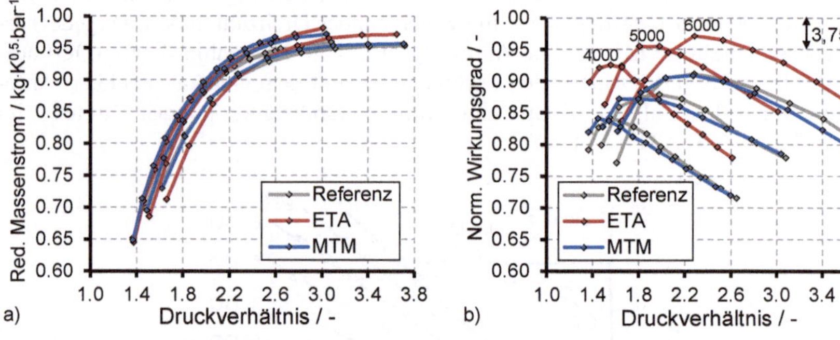

Abb. 6.18: CFD-Kennfelder der Optimierungsmodelle für die reduzierten Drehzahlen n_{red} = 4000, 5000 und 6000 min^{-1}·K$^{-0,5}$ bei $T_{tot,ein,T} = 600°C$

a) Durchsatzverhalten b) Normierter isentroper Wirkungsgrad

Weiter zeigt der Kennfeldvergleich, dass zwischen der Referenz und der MTM-Turbine eine geringfügige Verschiebung der Wirkungsgradverläufe über dem Druckverhältnis bei ähnlichen Spitzenwirkungsgraden zu erkennen ist.

Das CFD-Optimierungsmodell, welches für die Kennfeldsimulation verwendet wurde, weicht in einigen Details vom Modell der im Anschluss gefertigten Bauteile ab. Zur Einhaltung der Flanschpositionen musste beispielsweise der Ein- und Austritt des Turbinengehäuses angepasst werden. Des Weiteren beinhalten die für die Fertigung verwendeten Geometrien einen im Turbinengehäuse integrierten Wastegate-Kanal, der nicht Bestandteil des Optimierungsmodells ist. Kleinere Abweichungen von dem Modell ergeben sich zudem aus konstruktiven Gründen am Hitzeschild, welches bei den

Mixed-flow Turbinen auch eine strömungsführende Funktion einnimmt. Die Unterschiede zwischen den beiden Modellen sind in Abb. A.11 am Beispiel der Referenzturbine dargestellt. Um diese Veränderungen korrekt abbilden zu können, werden die auskonstruierten Modelle ebenfalls vernetzt und mit ihnen erneut CFD-Simulationen durchgeführt. Diese ergeben einen etwas niedrigeren Wert für den Turbinenwirkungsgrad im Vergleich zu den Optimierungsmodellen. Die wesentlichen Aussagen werden dadurch aber nicht beeinflusst, wie Tab. 6.8 zeigt. Zusammenfassend werden dazu die Resultate des relativen Massenträgheitsmoments der Turbinen bzw. des ATL in Abb. 6.19 dargestellt. Für die Validierung der berechneten Turbinenkennfelder wird das CFD-Modell der auskonstruierten Geometrie verwendet und die Ergebnisse aus diesen Simulationen in Abschn. 8.2 den Messungen gegenübergestellt.

Tab. 6.8: Mittlerer Wirkungsgradunterschied der optimierten Turbinen im Vergleich zur Referenz unter Verwendung des Optimierungsmodells und des auskonstruierten Modells

	ETA-Turbine		MTM-Turbine	
	$\overline{\eta_{s,T}} - \overline{\eta_{s,T,ref}}$ / %	$\overline{\eta_{s,T}} / \overline{\eta_{s,T,ref}}$ / –	$\overline{\eta_{s,T}} - \overline{\eta_{s,T,ref}}$ / %	$\overline{\eta_{s,T}} / \overline{\eta_{s,T,ref}}$ / –
Optimierungsmodell	+5,41	1,085	-0,12	0,998
Konstruktionsmodell	**+5,08**	**1,081**	**-0,51**	**0,992**

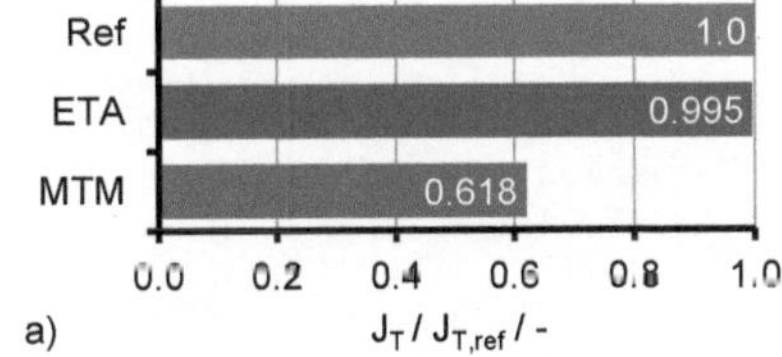

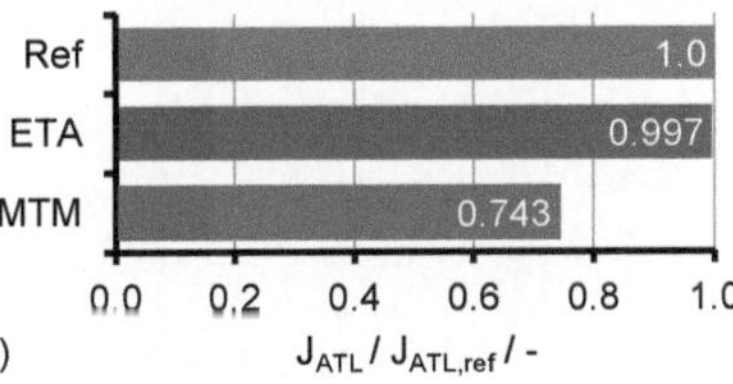

Abb. 6.19: Gegenüberstellung des relativen Massenträgheitsmoments
a) bezogen auf das Turbinenrad b) bezogen auf den ATL-Rotor

Anhand der berechneten Betriebspunkte ist im stationären Motorbetrieb kein Unterschied zwischen der Referenz und der MTM-Turbine zu erwarten. Der deutlich vergrößerte Turbinenwirkungsgrad der ETA-Turbine sollte dagegen eine Steigerung des Motormoments bis zum Erreichen des maximalen effektiven Mitteldrucks ergeben. Begründet wird das durch die entsprechend größere Antriebsleistung der Turbine, womit eine Erhöhung der ATL-Drehzahl und des Ladedrucks einhergeht. Dies wird in Abschn. 8.1.1 überprüft. Im nun folgenden Kapitel soll zunächst eine strömungsmechanische Analyse für die untersuchten Turbinen durchgeführt werden. Diese hat zum Ziel, die wesentlichen Gründe für die signifikanten Verbesserungen durch die Optimierung zu analysieren.

Mixed-Flow-Turbinen auch eine [illegible] ermittelt. Die Unterschiede zwischen den beiden Modellen sind in Abb. 6.11 am Beispiel der [illegible] dargestellt. [illegible]

Tab. 6.2 Mittlerer Wirkungsgradunterschied der optimierten Turbinen [illegible]

[illegible]

Abb. 6.10 Gegenüberstellung [illegible]

[illegible]

7 Strömungsmechanische Analyse

In diesem Kapitel werden die Turbinen zur Interpretation der Optimierungsergebnisse einer strömungsmechanischen Analyse unterzogen. Vordergründig wird hierzu der Optimierungsbetriebspunkt T-BP1 betrachtet. Zudem wird auf die Datenbasis der Versuchspläne zurückgegriffen, um anhand von starken Korrelationen generelle Aussagen über den Einfluss von Auslegungsmerkmalen auf die Zielgrößen der Turbine treffen zu können. Zunächst werden für die reduzierten Drehzahlen $n_{red} = 4000$ und $6000\, min^{-1} K^{-0,5}$ des berechneten Kennfeldes aus Abschn. 6.6 die resultierenden Anströmungs- und Abströmungswinkel der Turbinenräder ausgewertet. Damit ist es möglich, betriebspunktabhängige Trends und generelle Aussagen über das jeweilige Strömungsverhalten innerhalb der Turbinen zu treffen. Wenn sich in einem weiten Expansionsverhältnis- und Drehzahlbereich die An- und Abströmungszustände der Turbinen gleichförmig verändern, können aus einer detaillierteren Untersuchung in nur einem Turbinenbetriebspunkt somit Schlussfolgerungen und grundsätzliche Unterschiede zwischen den Turbinen auf einen größeren Betriebsbereich übertragen werden. Die Ergebnisse in Abschn. 7.1 zeigen im Wesentlichen solch einen Zusammenhang. Es werden aber auch zunehmende bzw. abnehmende Unterschiede in der An- und Abströmung zwischen den Turbinen deutlich, welche nachfolgend diskutiert werden.

7.1 Allgemeines Strömungsverhalten

Bei der Bewertung von unterschiedlichen Turbinendesigns sind zur Einordnung der Ergebnisse und deren Interpretation die jeweils vorherrschenden strömungsmechanischen Randbedingungen zu berücksichtigen. Zu diesen zählt der absolute Strömungswinkel α_{ein} (siehe Abb. 3.3), welcher von der Volute vorgegeben wird. Zum Vergleich der Turbinen sind dazu in Abb. 7.1 die umfangsgemittelten Verläufe des absoluten Strömungswinkel α_{ein} für mehrere Betriebspunkte an drei verschiedenen Positionen dargestellt. Dabei wird eine deutliche Abhängigkeit von der Schaufelhöhe festgestellt. Die Strömungswinkel bei 50% der Schaufelhöhe sind jeweils um 12° bis 15° größer als in der Nähe der Wände (10% und 90%). Darüber hinaus ist eine generelle Abhängigkeit vom Druckverhältnis zu beobachten. Dagegen nimmt die Drehzahl kaum Einfluss auf den resultierenden Strömungswinkel. Für die untersuchten Betriebspunkte resultiert in Abhängigkeit des verwendeten Turbinenrades ein maximaler Unterschied von lediglich 2,5°. Bezüglich des Strömungswinkels α_{ein} ergeben sich somit ähnliche Randbedingungen.

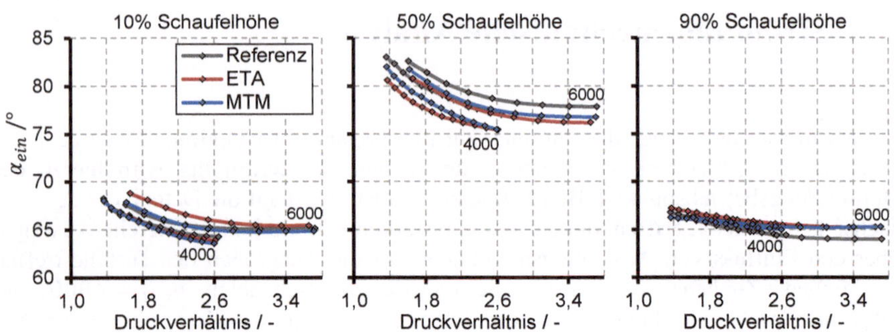

Abb. 7.1: Absoluter Strömungswinkel am Turbineneintritt α_{ein} - umfangsgemittelt bei 10%, 50% und 90% der Schaufelhöhe für $n_{red} = 4000$ und $6000\ min^{-1}K^{-0,5}$

Größere Unterschiede zwischen der Radialturbine (ETA) und den Mixed-flow Turbinen (Referenz, MTM) ergeben sich allerdings für den relativen Strömungswinkel β_{ein}, da dieser stark von der Umfangsgeschwindigkeit der Schaufelvorderkante abhängt. Hierzu zeigt Abb. 7.2, wie sich der Einfluss des größeren Eintrittsdurchmessers der ETA-Turbine, insbesondere bei 10% und 50 % der Schaufelhöhe, auf den resultierenden Strömungswinkel β_{ein} auswirkt. Dieser kann im Vergleich zu den Mixed-flow Turbinen deutlich reduziert werden.

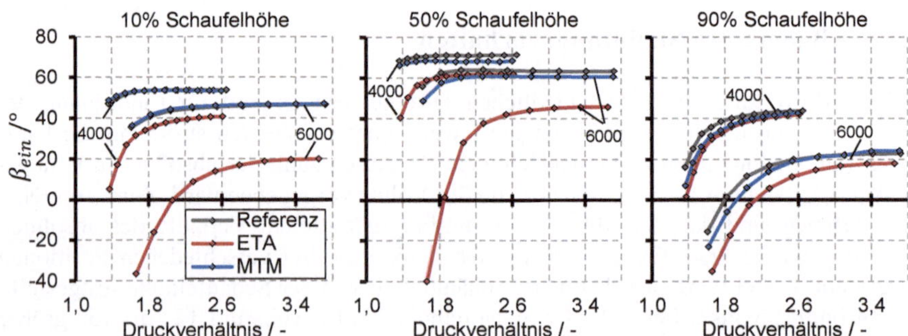

Abb. 7.2: Relativer Strömungswinkel am Turbineneintritt β_{ein} – umfangsgemittelt bei 10%, 50% und 90% der Schaufelhöhe für $n_{red} = 4000$ und $6000\ min^{-1}K^{-0,5}$

Aufgrund des geringeren Strömungswinkels β_{ein} können auch die Schaufelwinkel an der Vorderkante β_{LE} bei der Radialturbine um diese Differenz kleiner ausgeführt werden $(\Delta\beta_{LE} = \beta_{LE,Radial} - \beta_{LE,Mixed-flow})$, wenn gleiche Inzidenzwinkel

$$i = \beta_{ein} - \beta_{LE} \tag{7.1}$$

realisiert werden sollen. Im vorliegenden Fall kann dies jedoch nicht verwirklicht werden, sodass die Schaufelprofile der Radialturbine für die meisten Betriebspunkte mit einer deutlich größeren positiven Inzidenz angeströmt werden. Im Allgemeinen ist das mit höheren strömungsmechanischen Verlusten verbunden, weil dadurch die Ablösung der Strömung an der Schaufelvorderkante verstärkt wird. Als Folge entsteht im Schaufelkanal zudem eine stärkere Sekundärströmung in Form eines Wirbels, welcher dissipativ wirkt. Dieser Nachteil der ETA-Turbine wird jedoch durch noch zu diskutierende Effekte überkompensiert. Weiterhin zeigt die Radialturbine im Vergleich zu den Mixed-flow Turbinen einen früheren Einbruch des relativen Strömungswinkels mit der Verringerung des Druckverhältnisses bzw. des Massenstroms. Hierbei ergeben sich für die ETA-Turbine bei $n_{red} = 6000\ min^{-1}K^{-0,5}$ zwei Betriebspunkte ($\pi \approx 1{,}65$ und $\pi \approx 1{,}85$) mit negativen relativen Strömungswinkeln, was eine ausgeprägte saugseitige Anströmung ($\beta_{ein} \ll \beta_{LE}$) zur Folge hat. In diesen Betriebspunkten fällt auch die Wirkungsgraddifferenz zu den Mixed-flow Turbinen deutlich geringer aus als in den übrigen Betriebspunkten (vgl. Abb. 6.18).

Neben einer möglichst inzidenzfreien Anströmung ist für das Wirkungsgradverhalten einer Turbine der Zustand der Abströmung von hoher Bedeutung. Dieser sollte möglichst homogen sein und einen geringen Drall aufweisen, um einerseits die entropieerzeugenden Verwirbelungen und andererseits den kinetischen Austrittsverlust im Abströmgehäuse zu minimieren, der einen signifikanten Anteil an den Gesamtverlusten einer Turbine ausmachen kann (siehe Rohlik 1968). Hierzu zeigt Abb. 7.3 den absoluten Strömungswinkel α_{aus} für die Abströmung der drei Turbinen.

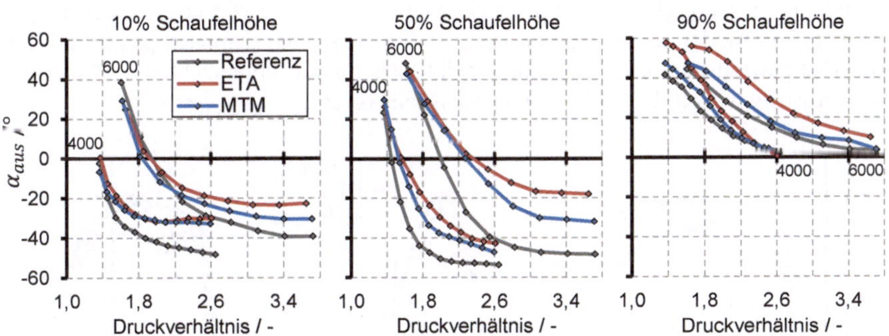

Abb. 7.3: Absoluter Strömungswinkel am Turbinenaustritt α_{aus} – umfangsgemittelt bei 10%, 50% und 90% der Schaufelhöhe für $n_{red} = 4000$ und $6000\ min^{-1}K^{-0,5}$

Im Vergleich zur Referenz ergibt sich für die betrachteten Betriebspunkte eine deutliche Reduzierung der Spreizung des Abströmungswinkels bei 10% und 50% der Schaufelhöhe. Vor allem bei hohen Druckverhältnissen stellen sich hierbei kleinere Strömungswinkel ein, womit eine Annäherung an den theoretisch idealen Zustand von $\alpha_{aus} \approx 0$ erreicht wird. Bei 90% der Schaufelhöhe unterliegt der Strömungswinkel stark dem Einfluss von der Spaltströmung zwischen der Schaufelspitze und dem Gehäuse. Eine allgemein schlechtere Strömungsführung ist hier zudem aufgrund des größeren Abstandes der Schaufeln zueinander zu erwarten. Als Konsequenz ist für jede Turbine in allen Betriebspunkten eine verminderte Strömungsumlenkung zu erkennen, welche für niedrige Druckverhältnisse bei der ETA-Turbine am stärksten ausfällt.

Die vorteilhafte Abströmungsrichtung der optimierten Turbinen wirkt sich auch positiv auf den Druckrückgewinn im Abströmgehäuse (AG) aus. Hierdurch wird ein Teil der kinetischen Strömungsenergie rekuperiert. Dies wird anhand des Druckbeiwerts

$$c_{p,AG} = \frac{p_{aus,AG} - p_{ein,AG}}{p_{tot,ein,AG} - p_{ein,AG}} \tag{7.2}$$

quantifiziert. Dazu zeigt Abb. 7.4 den betriebspunktabhängigen Verlauf des Druckbeiwerts $c_{p,AG}$ und den entsprechenden Zusammenhang mit den Strömungswinkeln bei 10% und 50% relativer Schaufelhöhe mit den erwarteten größeren Werten für die optimierten Turbinen. Im Detail bedeutet dies, dass die optimierten Turbinen in einem weiten Betriebsbereich eine vergleichsweise hohe Rekuperation von kinetischer Austrittsenergie

$$dh_{kin} = \frac{1}{2} c_{aus}^2 \approx \frac{1}{2} \left(c_{u,aus}^2 + c_{ax,aus}^2 \right) \tag{7.3}$$

ermöglichen. In Abb. 7.4b und Abb. 7.4c ist zudem bei 10% und 50% relativer Schaufelhöhe eine Abhängigkeit des Druckrückgewinns von dem Strömungswinkel α_{aus} zu erkennen. Ein moderater Gegendrall ($\alpha_{aus} < 0°$) wirkt sich demnach positiv auf den Druckrückgewinn aus. Ein Maximum ergibt sich für die untersuchten Turbinen bei einem Austrittswinkel der Strömung an der Nabe von $\alpha_{aus,\,Span=0,1} \approx -25°$.

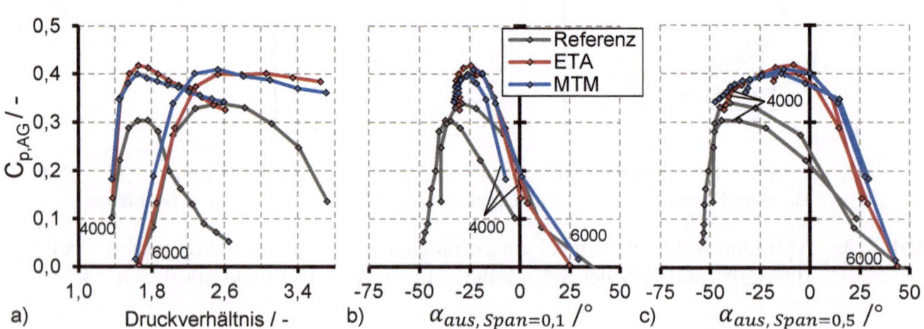

Abb. 7.4: Verläufe der Druckbeiwerte
a) in Abhängigkeit des Druckverhältnisses
b) in Abhängigkeit des Strömungswinkels α_{aus} bei 10% relativer Schaufelhöhe
c) in Abhängigkeit des Strömungswinkels α_{aus} bei 50% relativer Schaufelhöhe

7.2 Korrelationsanalyse wichtiger Einflussgrößen

Mit Hilfe der zahlreich durchgeführten Simulationsexperimente können anhand von starken Korrelationen Abhängigkeiten erkannt und Tendenzen mit allgemeingültigem Charakter ermittelt werden. Dabei ist von besonderem Interesse, wie sich geometrische Definitionen des Turbinenrades auf den Strömungszustand und damit auch auf den Wirkungsgrad der Turbine auswirken. In der Sensitivitätsanalyse (Abschn. 5.3.3) wurde bereits ein erheblicher Einfluss des Kegelwinkels λ_{LE} festgestellt. Hierzu veranschaulicht Abb. 7.5 den Zusammenhang zwischen dem Kegelwinkel bzw. dem mittleren Eintrittsdurchmessers der Turbine $D_{ein,Span=0,5}$ und dem Wirkungsgrad $\eta_{T,rel}$ in T-BP1 sowie dem Massenträgheitsmoment $J_{T,rel}$. Die Datenbasis hierfür bilden die 350 Experimente aus dem globalen Versuchsplan DoE 1.

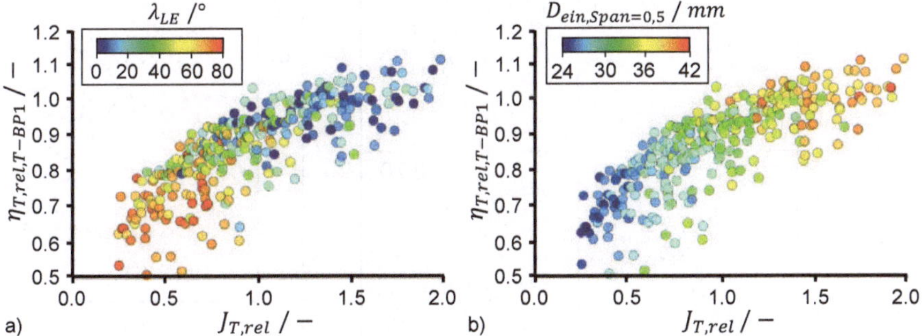

Abb. 7.5: Geometrische Abhängigkeiten der Zielgrößen in dem globalen Versuchsplan (DoE 1)
a) Einfluss von λ_{LE} auf die Zielgrößen $\eta_{T,rel,T-BP1}$ und $J_{T,rel}$
b) Einfluss von $D_{ein,Span=0,5}$ auf die Zielgrößen $\eta_{T,rel,T-BP1}$ und $J_{T,rel}$

Aus der Darstellung ist eine deutliche gegenläufige Abhängigkeit der Zielgrößen von beiden geometrischen Definitionen zu erkennen. Dies erscheint plausibel, da die Variation des Kegelwinkels aufgrund der gewählten Parametrisierung eine tendenziell entgegengesetzte Änderung des Eintrittsdurchmessers der Turbine zur Folge hat. Jedoch liegt die Ursache des gezeigten Verhaltens weniger in der Neigung der Schaufelvorderkante, als vielmehr in dem resultierenden Eintrittsdurchmesser der Turbine. Diese These wird von den größeren linearen Korrelationskoeffizienten $\rho^{lin}(D_{ein,Span=0,5}, x_j)$ im Vergleich zu den Korrelationskoeffizienten $\rho^{lin}(\lambda_{LE}, x_j)$ bekräftigt, welche nach Gl. (5.16) berechnet werden und in Tab. 7.1 dokumentiert sind. Insbesondere das Massenträgheitsmoment und der Wirkungsgrad in T-BP2 zeigen eine deutlich stärkere Abhängigkeit vom mittleren Eintrittsdurchmesser als vom Kegelwinkel. Das Streuband und die Korrelation der beiden geometrischen Definitionen untereinander sind in der Tabelle rechts dargestellt.

Tab. 7.1: Lineare Korrelationen der Zielgrößen mit λ_{LE} und $D_{ein,Span=0,5}$ (Datenbasis: DoE 1)

$\rho^{lin}(x_i, x_j)$	$D_{ein,Span=0,5}$	λ_{LE}		$\rho^{lin}(\lambda_{LE}, D_{ein,Span=0,5})$
$\eta_{T,rel,T-BP1}$	0,76	-0,72		-0,75
$\eta_{T,rel,T-BP2}$	0,82	-0,74		$D_{ein,Span=0,5}$
$J_{T,rel}$	0,88	-0,70		λ_{LE}

Die starke Korrelation des Massenträgheitsmoments mit dem mittleren Turbineneintrittsdurchmesser ist nach Gl. (1.3) zu erwarten gewesen. Die Tatsache, dass auch der Wirkungsgrad in beiden Betriebspunkten eine starke Korrelation hiermit aufweist, soll im Folgenden näher untersucht werden.

Hierzu wird die Mach-Zahl

$$Ma = \frac{c}{a} = \frac{c}{\sqrt{kRT}} \tag{7.4}$$

als Maß für die in der Strömung erzeugten Reibungsverluste am Turbinenradeintritt in Abhängigkeit des Eintrittsdurchmessers untersucht. In Abb. 7.6 wird die Streuung der umfangsgemittelten Mach-Zahl Ma_{ein} sowohl für die mittlere Schaufelhöhe als auch für die nabennahe und gehäusenahe Strömung über dem jeweils lokalen Eintrittsdurchmesser D_{ein} dargestellt. Zusätzlich ist markiert, wo sich die Referenz-, ETA- und MTM-Turbine im Versuchsplan befinden. Die Trendlinien verdeutlichen den Zusammenhang der strömungsmechanischen Kennzahl Ma_{ein} mit der geometrischen Größe D_{ein} der Turbinen. Da die Variation des Durchmessers an der Nabe am größten ausfällt, ergibt sich hier auch die größte Variation der Mach-Zahl. Die Abbildung zeigt weiterhin, dass sich für die ETA-Turbine ein etwa gleich großes Niveau der Mach-

Zahl Ma_{ein} einstellt, welches unabhängig von der Schaufelhöhe ist. Dies ist auf ihren nahezu konstanten Eintrittsdurchmesser zurückzuführen. Dementsprechend führt die kontinuierliche Durchmesserabnahme bei der Referenz- und MTM-Turbine zu einem deutlichen Anstieg der Mach-Zahl Ma_{ein}.

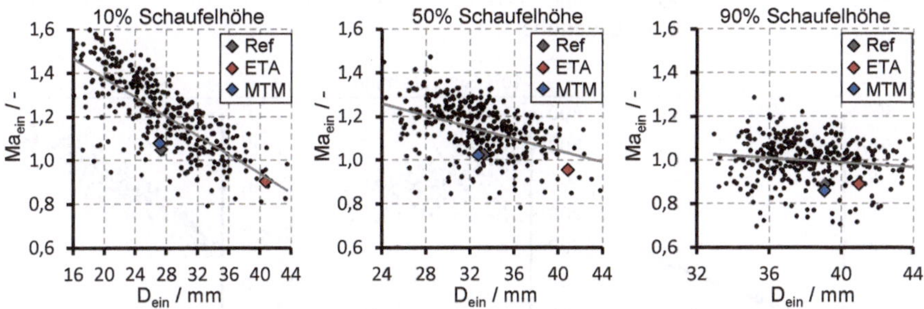

Abb. 7.6: Abhängigkeit der lokalen Mach-Zahl von dem Eintrittsdurchmesser der Turbinen

In Abb. 7.7 wird die dazugehörige Mach-Zahl-Verteilung in einem Ausschnitt für 3 Schaufeln ($\Delta\Theta = 135°$) in der Θ-Span-Ebene unmittelbar vor der Schaufelvorderkante der drei Turbinen dargestellt. Zusätzlich sind die Iso-Linien für 10%, 50% und 90% der Schaufelhöhe entsprechend Abb. 7.6 (weiß) sowie die Iso-Linien für $Ma = 1$ (schwarz) dargestellt. Die beiden Mixed-flow Turbinen zeigen größere Bereiche mit $Ma_{ein} > 1$ in der Nähe der Nabe. Hiermit sind neben der Versperrungswirkung auch größere Strömungsverluste und ein stärkerer Einfluss der Kompressibilität verbunden.

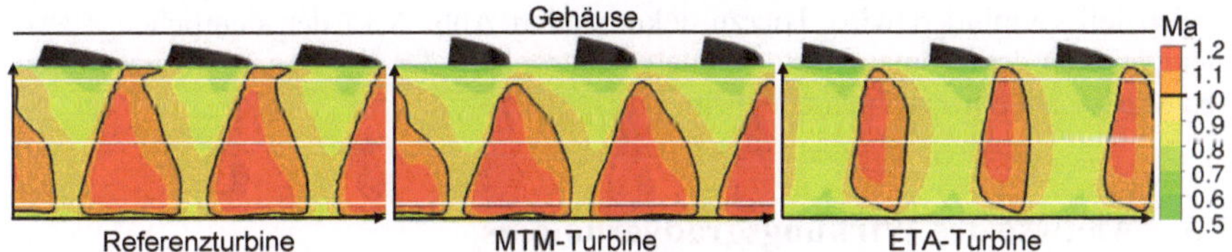

Abb. 7.7: Mach-Zahl-Verteilung am Turbinenradeintritt mit Kennzeichnung der in Abb. 7.6 genutzten Auswertungspositionen sowie der Iso-Linien bei Ma = 1 (T-BP1)

Läge eine isentrope und inkompressible Strömung vor, würde aus der Drallerhaltung folgen, dass mit der Abnahme des Turbineneintrittsdurchmessers D_{ein} eine umgekehrt proportionale Vergrößerung der Umfangskomponente der Strömung $c_{u,ein}$ einhergeht. Daraus ergäbe sich auch, dass die spezifische Energie $(u \cdot c_u)_{ein}$ zum Antrieb der Turbine konstant bliebe, da

$$u_{ein} = \omega_{ATL} \cdot \frac{D_{ein}}{2}. \tag{7.5}$$

Die Ergebnisse des Versuchsplans DoE 1 zeigen allerdings eine signifikante Steigerung der spezifischen Energie $(u \cdot c_u)_{ein}$ mit der Vergrößerung des Eintrittsdurchmessers D_{ein}, was in Abb. 7.8 beispielhaft für 10% relativer Schaufelhöhe verdeutlicht wird. Bezogen auf die Ausgleichsgerade im betrachteten Variationsbereich steht dem Verhältnis $u_{ein,max}/u_{ein,min} = 2{,}75$ lediglich das Verhältnis $c_{u,ein,max}/c_{u,ein,min} = 1{,}36$ gegenüber.

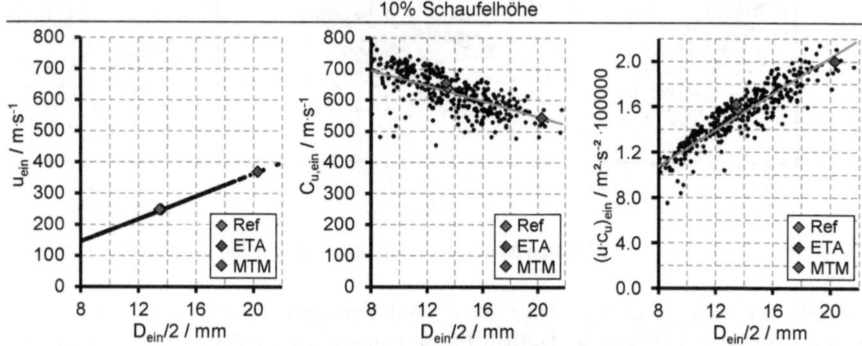

Abb. 7.8: Auswirkung des geometrischen (u_{ein}) und strömungsmechanischen ($c_{u,ein}$) Zusammenhangs auf die spezifische Antriebsenergie $(u \cdot c_u)_{ein}$ (T-BP1)

Die Untersuchungen ergeben, dass mit größerer Mach-Zahl am Turbinenradeintritt der Drall des Fluids bzw. der Betrag der spezifischen Antriebsenergie aufgrund der Kompressibilität und der realen Abweichungen von einer idealen (isentropen) Strömung tendenziell vermindert wird. Hierzu dokumentiert Abb. A.15 den deutlichen Zusammenhang von der stromaufwärts erzeugten Entropie in der Volute und der resultierenden Mach-Zahl am Turbinenradeintritt.

7.3 Analyse des Wirkungsgradverhaltens

Zur Erklärung der Wirkungsgradunterschiede zwischen den drei Turbinen werden in diesem Abschnitt die jeweiligen Strömungszustände in dem Betriebspunkt T-BP1 genauer untersucht. Ein besonderer Schwerpunkt wird dabei auf die Interaktion zwischen der Strömung und der Schaufelgeometrie gelegt. Zunächst werden die Auswirkungen auf die An- und Abströmungsprofile betrachtet. Hierzu zeigt Abb. 7.9 die Verläufe der umfangsgemittelten Strömungsgrößen $c_{u,ein}$, $c_{m,ein}$, ρ_{ein} und α_{ein} unmittelbar vor der Schaufelvorderkante. Während die Verlaufsform und die Beträge des absoluten Strömungswinkels α_{ein} für jedes Turbinenrad sehr ähnlich sind, ergeben sich bei den übrigen Strömungsgrößen, insbesondere für die ETA-Turbine, deutliche Unterschiede. Da sich die Schaufelvorderkante der Radialturbine auf einem konstanten Durchmesser befindet, bildet sich in Übereinstimmung mit der (isentropen) Drallerhaltung auch eine konstante Umfangskomponente $c_{u,ein}$ über der Schaufelhöhe aus. Die starke Geschwindigkeitsreduzierung in Richtung der Wände ist mit der Reibung innerhalb der Grenzschichten zu erklären.

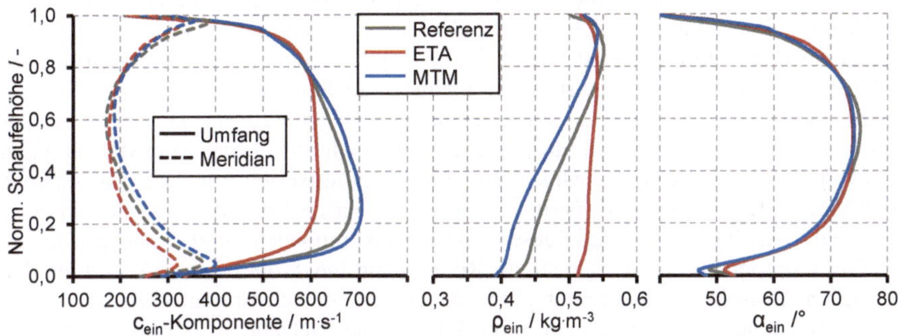

Abb. 7.9: Umfangsgemittelter Anströmungszustand der Schaufelvorderkante in T-BP1

Bei den Mixed-flow Turbinen ist ein Anstieg der Umfangsgeschwindigkeit $c_{u,ein}$ in Richtung der Nabe zu erkennen, was nach Gl. (3.5) im Wesentlichen auf die Verringerung des Radius‘ zurückzuführen ist. Zudem nimmt im Vergleich zur Radialturbine die Meridiangeschwindigkeit $c_{m,ein}$ in Richtung der Nabe stärker zu. Durch die Kompressibilität des Mediums führt eine Geschwindigkeitszunahme zu einer gleichzeitigen Abnahme der Dichte, was anhand eines Vergleichs der Verläufe von Dichte und Geschwindigkeitskomponenten deutlich wird. Beispielsweise ist bei 80% der Schaufelhöhe die Strömungsgeschwindigkeit für jede Turbine nahezu identisch, was auch mit einer ähnlichen Dichte des Fluids verbunden ist. Ein anderes Bild zeigt sich bei 20% der Schaufelhöhe. Während Geschwindigkeit und Dichte bei der Radialturbine beinahe unverändert bleiben, geht bei den Mixed-flow Turbinen durch die Zunahme von Meridian- und Umfangsgeschwindigkeit eine Abnahme der Dichte einher. Nach der Analyse der Turbinenanströmung soll nun die Turbinenabströmung im Betriebspunkt T-BP1 betrachtet werden. Hierzu zeigt Abb. 7.10 die Abströmungsprofile direkt hinter der Schaufelhinterkante.

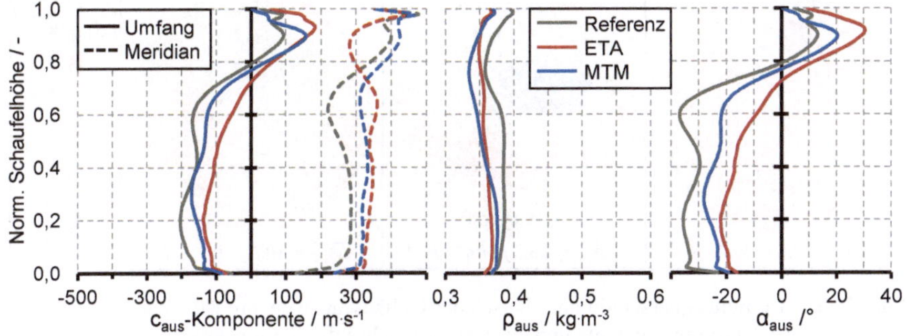

Abb. 7.10: Umfangsgemittelter Abströmungszustand an der Schaufelhinterkante in T-BP1

Deutlich zu erkennen ist die Zunahme der Umfangsgeschwindigkeit $c_{u,aus}$ bzw. des Abströmungswinkels α_{aus} ab ca. 70% der Schaufelhöhe für jede der Turbinen. Dies ist dem Spalteinfluss zuzuschreiben, der in diesem Bereich zu einer verminderten Strömungsumlenkung führt. Bezogen auf die Rotationsrichtung des Rades entsteht in diesem Bereich ein Mitdrall der Strömung ($\alpha_{aus} > 0°$), welcher bei der ETA-Turbine am größten und bei der Referenzturbine am kleinsten ausfällt. Außerhalb des Einflussbereiches der Spaltüberströmung stellt sich hier ein Gegendrall ein. Dieser ist bei der Referenzturbine am stärksten ausgeprägt, was nach der betriebspunktabhängigen Auswertung des Abströmungswinkels in Abb. 7.3 zu erwarten war. Die geometrische Ausführung des Turbinenradaustritts bei den optimierten Varianten resultiert in einer größeren Meridian- bzw. Axialgeschwindigkeitskomponente und einer geringeren Umfangskomponente im Vergleich zur Referenzturbine, wobei die ETA-Turbine den geringsten Drall in der Abströmung erzeugt. Dies wirkt sich stromabwärts positiv auf die Diffusion aus, wie bereits in Abschn. 7.1 für eine Vielzahl an Betriebspunkten gezeigt werden konnte. Hierdurch wird der Druck hinter dem Turbinenrad abgesenkt, was ein größeres isentropes Enthalpiegefälle über dem Turbinenrad ermöglicht. Die in Abb. 7.10 dargestellte geringere Dichte in der Abströmung der ETA- und MTM-Turbine ist eine Folge der erreichten Druckminderung gegenüber dem Austrittsdruck am Outlet. Hierzu visualisiert Abb. 7.11a die resultierende Strömung beim Austritt des Fluids aus dem Turbinengehäuse.

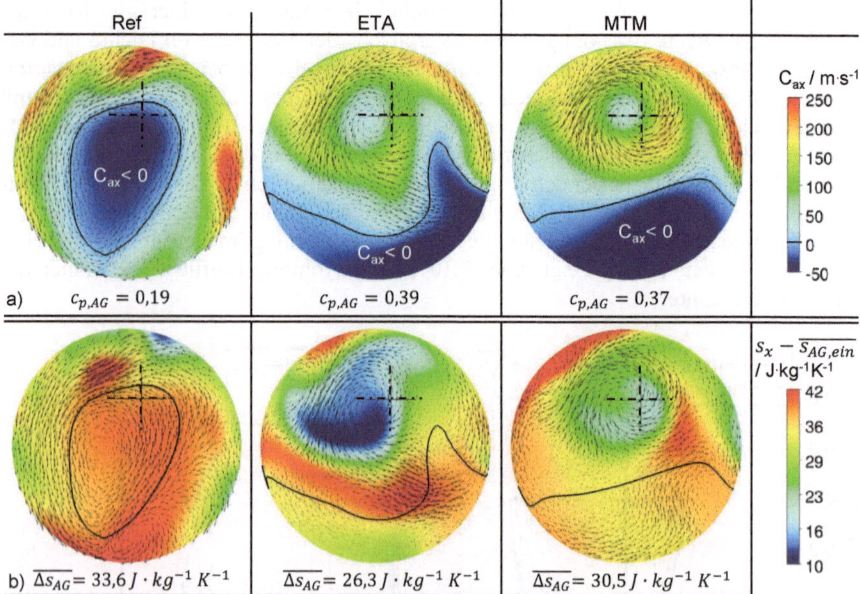

Abb. 7.11: Strömungsquerschnitt am Flansch des Gehäuseaustritts mit Kennzeichnung der Rückströmungsgebiete und der Rotationsachse des Turbinenrades (T-BP1)
a) Axialgeschwindigkeit c_{ax} b) Erzeugte Entropie im Abströmgehäuse (AG)

Zu erkennen ist in der Abbildung die Ausbildung eines Rückströmungsgebietes ($c_{ax} < 0$), das sich bei der Referenzturbine im Zentrum der drallbehafteten Abströmung befindet. Diese wird aufgrund der vergleichsweise hohen Zentrifugalkraft

$$F_z = \rho \frac{{c_u}^2}{r} \cdot dV = \frac{dp}{dr} \cdot dV, \tag{7.6}$$

welche sich aus der radialen Kräftebilanz an einem Fluidelement dV ergeben, in Richtung der Wände gezwungen. Bei den beiden optimierten Turbinen entsteht hingegen die Rückströmung im Totwassergebiet des Wastegate-Kanals, was zur Folge hat, dass diese an einer Seite der Gehäusewand anliegt. Durch die hier geringeren Zentrifugalkräfte wird eine verbesserte Diffusion der Strömung ermöglicht. Im Allgemeinen ist eine ähnliche Strömungsform im Abströmgehäuse von der ETA- und MTM-Turbine zu erkennen. Entsprechend hierzu ergeben sich für den Druckrückgewinn die in Abb. 7.11a dokumentierten Druckbeiwerte nach Gl. (7.2).

Weiter ist in Abb. 7.11b die Ausmischung der im Abströmgehäuse erzeugten Entropie $s_x - \overline{s_{AG}}$ dargestellt. In der verwirbelten Turbinenabströmung wird aufgrund der erhöhten Reibung vergleichsweise viel Entropie erzeugt. Dies belegt Abb. A.16 am Beispiel der Referenzturbine. Insbesondere bei hohen Druckverhältnissen erweist sich der Anteil der erzeugten Entropie im Abströmgehäuse als signifikant. Die in Abb. 7.11b dargestellte Verteilung der erzeugten Entropie lässt Rückschlüsse auf ihre maßgebliche Entstehung zu. Generell besteht ein örtlicher Zusammenhang zwischen den Rückströmungsgebieten der Turbinen und einer erhöhten lokalen Entropie. Je nach Ausmischung sind unterschiedlich große Entropiegradienten zu erkennen. Der massenstromgemittelte Wert der gesamten Entropieproduktion $\overline{\Delta s_{AG}}$ im Abströmgehäuse der Turbinen ist ebenfalls in Abb. 7.11b dokumentiert. Die Auswertung ergibt, dass die größten Strömungsverluste im Abströmgehäuse der Referenzturbine und die geringsten Strömungsverluste im Gehäuse der ETA-Turbine entstehen.

Abhängig von der resultierenden Strömungsgeschwindigkeit c in unmittelbarer Nähe zur Gehäusewand werden zudem unterschiedlich große Scherverluste in der Grenzschicht hervorgerufen, da die Schubspannung

$$\tau_{AG} = \eta \frac{dc}{dy}. \tag{7.7}$$

ein Resultat vom Geschwindigkeitsgradienten dc/dy normal zur Wand ist. Die flächengemittelte Schubspannung $\overline{\tau_{AG}}$ und der daraus resultierende Strömungswiderstand

$$F_{W,AG} = \overline{\tau_{AG}} \cdot A_{AG} \tag{7.8}$$

sind in Tab. 7.2 dokumentiert. Weil bei der Referenzturbine die Abströmung am stärksten in Richtung der Gehäusewand getrieben wird, entstehen auch hier die größten Gradienten dc/dy und damit der größte Strömungswiderstand.

Tab. 7.2: Scherverluste und Strömungswiderstand im Abströmgehäuse der Turbinen

	Referenzturbine	ETA-Turbine	MTM-Turbine
$\overline{\tau_{AG}}$ / Pa	53,6	37,4	43,0
$F_{W,AG}$ / N	2,55	1,85	2,07

Letztlich kann der Wirkungsgradunterschied zwischen den Turbinen durch die Anwendung der Eulerschen Turbinengleichung nach Gl. (3.2) erklärt werden. Dazu wird mit Hilfe der Verläufe aus Abb. 7.9 und Abb. 7.10 die aus der Strömung generierte Turbinenleistung in Abhängigkeit von der Schaufelhöhe berechnet. Je nachdem, welche geometrischen und strömungsmechanischen Einflussgrößen dabei berücksichtigt werden, ergeben sich unterschiedliche Verläufe am Ein- und Austritt. Diese werden in Abb. 7.12 dargestellt, wobei die Eintrittsverläufe das Potenzial der Strömung zur energetischen Umsetzung angeben, während die Verläufe am Austritt das Resultat dieser Umsetzung im Turbinenrad darstellen. Die Kurvenverläufe setzen sich aus 100 äquidistanten Einzelauswertungen entlang der Schaufelhöhe zusammen. Die eingeschlossene Fläche zwischen den Verläufen entspricht dabei der Energieentnahme aus der Strömung.

In Abb. 7.12a wird der Einfluss der unterschiedlichen Umfangsgeschwindigkeiten auf die massenstromspezifische Turbinenleistung gemäß

$$\frac{P_T}{\dot{m}} = (u \cdot c_u)_{ein} - (u \cdot c_u)_{aus} \tag{7.9}$$

deutlich. Trotz des geringsten $c_{u,ein}$-Niveaus ergibt sich für die ETA-Turbine durch den (konstant) großen Eintrittsdurchmesser das höchste massenstromspezifische Leistungspotenzial entlang der Schaufelvorderkante zum Antrieb der Turbinen. Eine Bilanzierung am Turbinenaustritt zeigt hingegen für die Referenzturbine Vorteile bei der Umsetzung des vorhandenen Potenzials, was aufgrund ihres größeren Durchmesserniveaus am Austritt und der stärkeren Strömungsumlenkung zu erklären ist.

Werden lokale Massenstromunterschiede über der dimensionslosen Schaufelhöhe berücksichtigt, ergeben sich gemäß

$$\frac{P_T}{A} = (\rho \cdot c_m \cdot u \cdot c_u)_{ein} - (\rho \cdot c_m \cdot u \cdot c_u)_{aus} \tag{7.10}$$

die in Abb. 7.12b dargestellten Verläufe. Dadurch wird eine flächenspezifische Auswertung des Leistungspotenzials am Eintritt und der Leistungsumsetzung am Austritt erreicht. Der Einfluss des charakteristischen Verlaufs der Meridiangeschwindigkeit $c_{m,ein}$ ist hier deutlich erkennbar. Schließlich ergibt sich unter Berücksichtigung der jeweils durchströmten Teilflächen ΔA das effektive Leistungspotenzial am Eintritt sowie das Resultat der Umsetzung im Turbinenrad (Austrittszustand), welche den 100 äquidistanten Einzelauswertungen über der Schaufelhöhe zugeordnet sind. Diese Verläufe sind der Abb. 7.12c zu entnehmen.

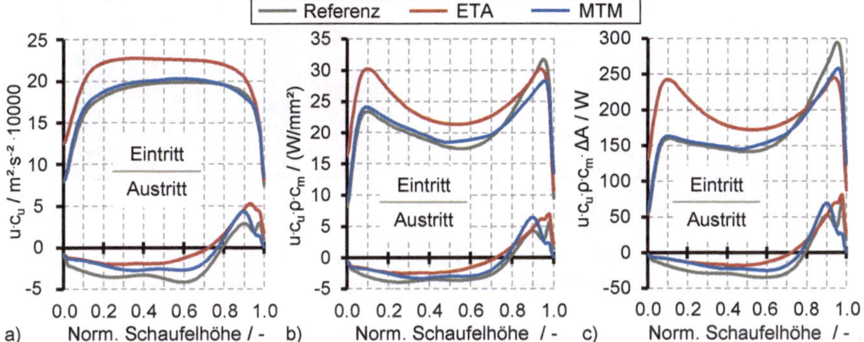

Abb. 7.12: Analyse der aerodyn. und geometrischen Einflüsse auf die Turbinenleistung (T-BP1)

a) Massenstromspezifisches Leistungspotenzial $u \cdot c_u$ der Strömung am Eintritt und die Leistungsumsetzung im Turbinenrad (Austrittszustand)

b) Flächenspezifisches Leistungspotenzial $u \cdot c_u \cdot \rho \cdot c_m$ der Strömung am Eintritt und die Leistungsumsetzung im Turbinenrad (Austrittszustand)

c) Effektives Leistungspotenzial $u \cdot c_u \cdot \rho \cdot c_m \cdot \Delta A$ der Strömung am Eintritt und die Leistungsumsetzung im Turbinenrad (Austrittszustand)

Da die Turbinen im betrachteten Betriebspunkt einen ähnlich großen Totaldruck am Einlass aufweisen (Randbedingung der Optimierung), ist der Unterschied in der über der Schaufelhöhe dargestellten Leistungsentnahme aus der Strömung als der wesentliche Grund für die ermittelten Wirkungsgradunterschiede zu betrachten. Zwischen der ETA- und MTM-Turbine ist der Unterschied aufgrund der sehr ähnlichen Abströmungsbedingungen hauptsächlich mit der Differenz des effektiven Leistungspotenzials der Strömung am Turbinenradeintritt zu erklären. Hier wird die große Bedeutung des Eintrittsdurchmessers, insbesondere an der Nabe, deutlich.

Abschließend zeigt Abb. 7.13a die Verteilung der in den Turbinen umgesetzten Leistung als Differenz der Verläufe von Ein- und Austrittszustand. Werden die 100 Einzelauswertungen des resultierenden Verlaufs über der Schaufelhöhe aufsummiert, ist ein Vergleich mit der Turbinenleistung möglich, welche über das Moment aller Schaufeln ermittelt wird (Abb. 7.13b). Es stellt sich dabei für jede Turbine eine Differenz von ca. 7% ein. Die höheren Werte aus der vereinfachten Berechnung sind in erster Linie damit zu erklären, dass hierbei jegliche Auswirkungen von Sekundärströmungen im Schaufelkanal, wie beispielsweise die Spaltströmung, nicht berücksichtigt werden. Außerdem gehen in die vereinfachte Leistungsberechnung Fehler aus der Umfangsmittelung und der diskreten Aufsummierung über der Schaufelhöhe ein. Dennoch werden die relativen Leistungsunterschiede zwischen den Turbinen über die Analyse der Ein- und Austrittsbedingungen in Abhängigkeit der Schaufelhöhe korrekt wiedergegeben.

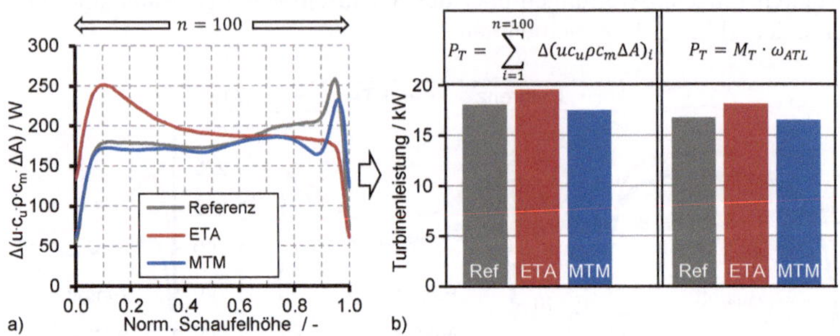

Abb. 7.13: Vergleich der realen Turbinenleistung (r.) mit der vereinfachten Leistungsberechnung über den Strömungszustand am Ein- und Austritt des Turbinenrades (l.)

Nachdem die Umsetzung der Strömungsenergie in Turbinenleistung anhand einer Bilanzierung der Strömungszustände am Ein- und Austritt der Turbinenräder gezeigt wurde, soll im Folgenden der Strömungsverlauf im Schaufelkanal näher untersucht werden. In Abb. 7.14 ist dazu die umfangsgemittelte Totaltemperatur der Strömung im Meridianschnitt der Turbinen dargestellt. Die Temperaturfelder deuten auf einen prinzipiell ähnlichen Enthalpieabbau in den drei Schaufelkanälen hin. Eine vergleichsweise hohe Austrittstemperatur ist in Gehäusenähe zu erkennen, da die Spaltströmung nicht am Arbeitsumsatz teilnimmt und ihr somit auch kaum thermische Energie entzogen wird. Zusätzlich sind die Iso-Linien der Schaufelhöhe von 10%, 50% und 90% eingezeichnet, entlang derer die weitere Auswertung der Strömung erfolgt.

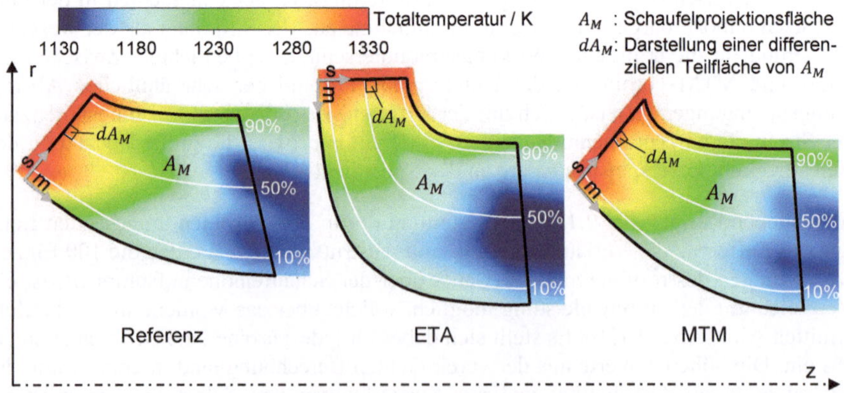

Abb. 7.14: Umfangsgemittelte Totaltemperatur der Strömung im Meridianschnitt (T-BP1)

So wird in Abb. 7.15 die Strömung zwischen den Schaufeln anhand der Mach-Zahl im rotierenden System für einen Umfangsausschnitt von $\Delta\Theta = 135°$ für die drei genannten Schaufelhöhen visualisiert. Trotz unterschiedlicher Schaufelwinkel ist ein qualitativ ähnliches Strömungsfeld für die Referenz- und MTM-Turbine zu erkennen, welches wesentliche Unterschiede nur in dem Niveau der Mach-Zahl zeigt. Das Strömungsverhalten der ETA-Turbine unterscheidet sich von den beiden Mixed-flow Turbinen hingegen stärker, was besonders bei 10% der Schaufelhöhe deutlich wird.

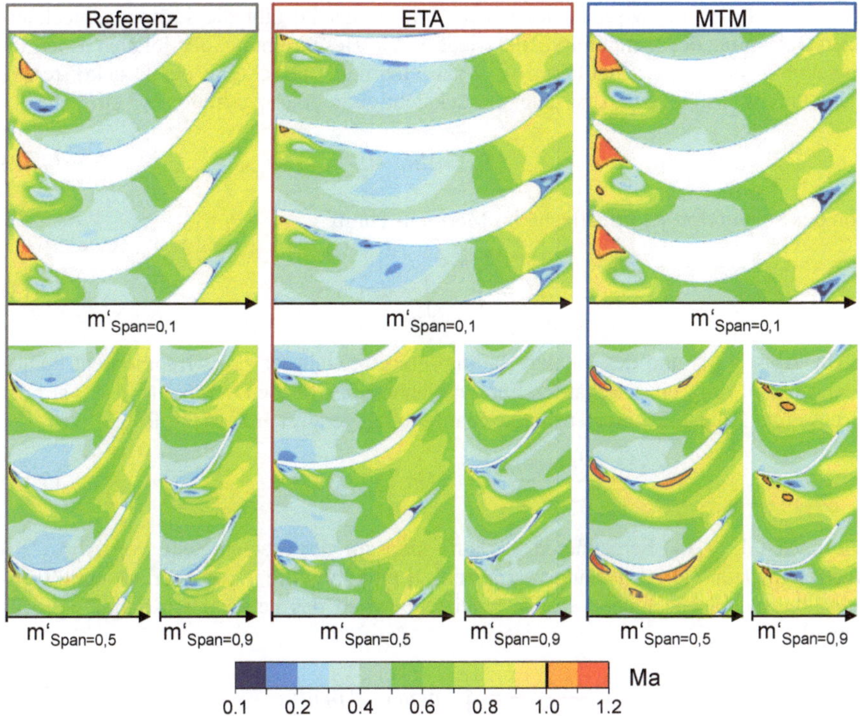

Abb. 7.15: Winkelkonforme Abbildung der Profilschnitte ($\Delta\Theta = 135°$) mit Darstellung der Mach-Zahl im rotierenden System bei 10%, 50% und 90% der Schaufelhöhe (T-BP1)

Abhängig von der resultierenden Strömung bildet sich eine Druckdifferenz zwischen den Druck- und Saugseiten der Schaufeln aus. Für einen aussagekräftigen Vergleich zwischen den Turbinen bietet sich eine Mittelung der von Schaufel zu Schaufel variierenden Druckverläufe entlang der Profilschnitte an. Die gemittelten Druckverläufe werden in Abb. 7.16 auf der linken Seite normiert nach Gl. (7.11) gezeigt.

$$p_{norm} = \frac{p - p_{min}}{p_{max} - p_{min}} \tag{7.11}$$

Analog zur Mach-Zahl Verteilung weist die MTM-Turbine in jedem Profilschnitt einen qualitativ ähnlichen Verlauf wie die Referenzturbine auf, welcher sich allerdings auf einem geringeren Druckniveau befindet. Dies ist die Folge des insgesamt höheren Mach-Zahl-Niveaus und der Expansion auf einen geringeren Austrittsdruck ($p(m' = 1)$). Letzteres trifft ebenfalls auf die Radialturbine (ETA) zu. Verglichen mit den beiden Mixed-flow Turbinen zeigen sich auch hier deutlichere Unterschiede im qualitativen Druckverlauf je Schaufelprofil.

Die Druckdifferenz zwischen der Druck- und Saugseite gibt die strömungsmechanische Belastung des Schaufelprofils wieder. Zur Beschreibung der lokalen Energieumsetzung an einem Schaufelprofil ist die alleinige Betrachtung der Druckdifferenz jedoch nicht ausreichend. Erst unter Berücksichtigung einer zusätzlichen Teilfläche

$$dA_M = dm \cdot ds \tag{7.12}$$

von der Schaufelprojektionsfläche im Meridianschnitt

$$A_M = \int_{m=0}^{m} \int_{s=0}^{s} dm \cdot ds \tag{7.13}$$

(siehe Abb. 7.14) und des lokalen Radius‘ r ergibt sich der zum Drehmoment beitragende Anteil dM_B einer Schaufel. Für das flächenspezifische Drehmoment, das auf die Druck- und Saugseite einer Turbinenschaufel entgegengerichtet wirkt, folgt

$$\frac{dM_B(m,s)}{dA_M} = p(m,s) \cdot r(m,s). \tag{7.14}$$

Die nach Gl. (7.14) berechneten Verläufe sind auf der rechten Seite von Abb. 7.16 über die meridionale Profillänge dargestellt. Somit kann die von der Druck- und Saugseite eigeschlossene Fläche als die geleistete Arbeit des betrachteten Schaufelprofils gemäß

$$\frac{dM_B(s)}{ds} = \oint_m p(m) \cdot r(m) dm \tag{7.15}$$

interpretiert werden. Eine weitere Integration über der Schaufelhöhe und die Multiplikation mit der Schaufelanzahl N_B ergibt schließlich das resultierende Drehmoment der Turbine M_T.

Mit Hilfe dieser Auswertung wird zum einen der lokale Beitrag an der gesamten Energieumsetzung eines Schaufelprofils gezeigt und zum anderen die Bedeutung der Schaufelprofile in Relation untereinander verdeutlicht. Analog zu der Auswertung der Ein- und Austrittsströmung weist die Radialturbine in Nabennähe (10% Schaufelhöhe) ein deutlich höheres Arbeitsvermögen im Vergleich zu den Mixed-flow Turbinen auf, was hauptsächlich durch den Durchmesserunterschied zu erklären ist. Ein weiterer wesentlicher Unterschied zwischen den Turbinen ist bei 90% der Schaufelhöhe zu erkennen. Hier zeigt sich für die Referenzturbine eine relativ konstante, hohe strömungsmechanische Belastung des Schaufelprofils über die meridionale Länge. Bei den optimierten Profilen nimmt der Druckunterschied hingegen kontinuierlich ab. In Kombination mit dem größeren Austrittsdurchmesser der Referenzturbine führt das einerseits zu einem gesteigerten Arbeitsvermögen dieses Profilschnitts, andererseits sind dadurch auch größere Spaltverluste im Vergleich zur ETA- und MTM-Turbine zu erwarten.

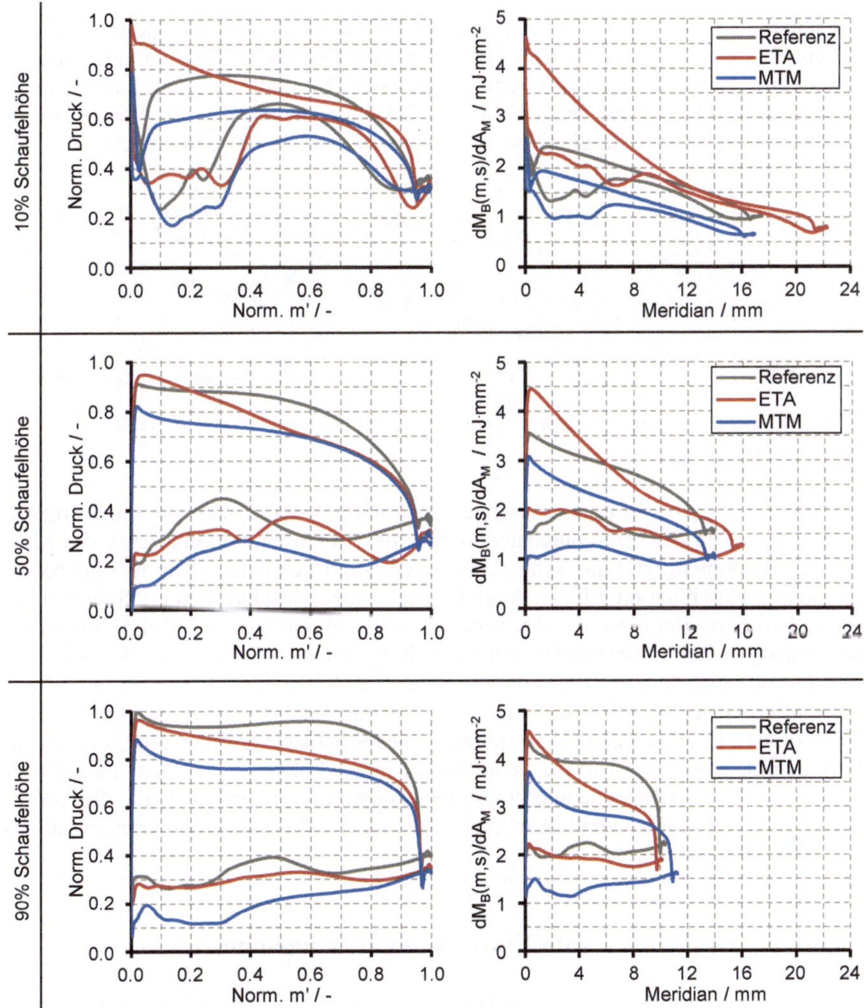

Abb. 7.16: Darstellung der lokalen strömungsmechanischen Belastung (l.) und des flächenspezifischen Drehmoments (r.) der Schaufelprofile in T-BP1

Bestätigt wird diese Vermutung durch die Auswertung des Spaltmassenstroms, der in Abb. A.17 quantifiziert und in einer Ebene hinter der Schaufelhinterkante für jedes Turbinenrad visualisiert ist. Dem höheren Spaltmassenstrom der Referenzturbine steht allerdings auch eine erhöhte Umlenkung der Strömung in Gehäusenähe gegenüber, was bereits in Abb. 7.10 anhand des Abströmungswinkels $\left(\alpha_{aus,Ref} < \alpha_{aus,MTM} < \alpha_{aus,ETA}\right)$ verdeutlicht wurde.

Der starke Druckanstieg an der Saugseite bei 10% der Schaufelhöhe und $m' \approx 0{,}3$ ist auf die Ausbildung eines Wirbels beim Strömungseintritt zurückzuführen, welcher weiter stromab auf die Saugseite trifft und zu einer Strömungsablösung führt. Korrespondierend mit dem Druckverlauf fällt der Wirbel am stärksten für die Referenzturbine und am schwächsten für die ETA-Turbine aus, was Abb. 7.17 verdeutlicht.

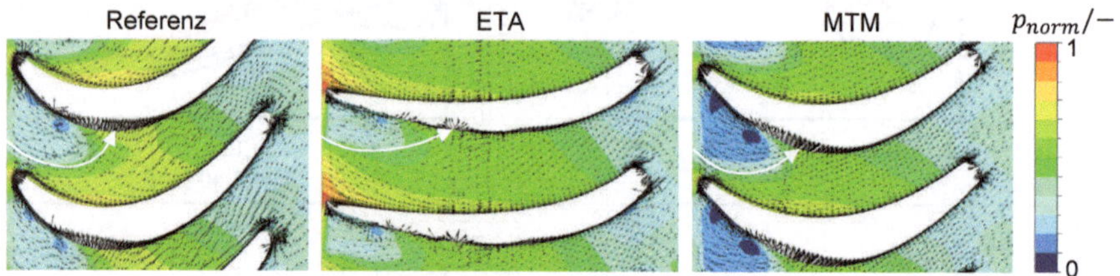

Abb. 7.17: Geschwindigkeitsvektoren im normierten Druckfeld (10% rel. Schaufelhöhe, T-BP1)

In diesem Zusammenhang sei erwähnt, dass sich ein aerodynamisch ungünstigeres Schaufelprofil an der Nabe durchaus positiv auf den Gesamtwirkungsgrad, das Massenträgheitsmoment oder das Schluckvermögen auswirken kann, wenn hierdurch eine vorteilhafte Kombination mit den darüber liegenden Schaufelprofilen ermöglicht wird. Schließlich bestimmt die Form des Schaufelprofils an der Nabe in erheblichem Maße den zulässigen Definitionsbereich von allen übergeordneten Schaufelprofilen. Ein Beispiel hierfür zeigt sich bei 10% relativer Schaufelhöhe in Abb. 7.16. Hier liefert jede Turbine in den letzten 60% des Schaufelprofils einen nur sehr geringen Beitrag zum Drehmoment. Eine meridionale Verkürzung dieses Schaufelprofils würde folglich für die Gesamtleistung der Turbine keine signifikanten Folgen haben. Aus Festigkeitsgründen ist diese Maßnahme allerdings nicht durchführbar, ohne auch alle übergeordneten Schaufelprofile zu verkürzen. Dies hätte jedoch sehr wohl einen großen Einfluss auf die Gesamtleistung.

7.4 Untersuchungen zum Einfluss der Düsengeometrie

In diesem Abschnitt wird der allgemeine Einfluss der Schaufelprofilgestaltung auf die resultierende Strömung und das Schluckvermögen näher untersucht. Der engste Strömungsquerschnitt am Turbinenradaustritt wird erheblich von der Form der Schaufelprofile mitbestimmt. Zusammen mit dem Strömungsquerschnitt der Volute wird so das Schluckvermögen der Turbinenstufe festgelegt.

Für die Referenz und die optimierten Turbinen werden dazu in Tab. 7. die jeweils kleinsten Strömungsquerschnitte der Volute $A_{min,Vol}$ und des Turbinenrades $A_{min,TR}$ ausgewertet und mit dem isentrop berechneten Ersatzquerschnitt

$$A_{s,T} = \dot{m}_{red} \cdot \left(\frac{2k}{R(k-1)} \left[\left(\frac{1}{\Pi_{ts}} \right)^{\frac{2}{k}} - \left(\frac{1}{\Pi_{ts}} \right)^{\frac{k+1}{k}} \right] \right)^{-\frac{1}{2}} \tag{7.16}$$

nach der zweiten Turboladerhauptgleichung verglichen. Der Druck-Reaktionsgrad

$$r = \frac{\Delta p_{TR}}{\Delta p_{ges}} \tag{7.17}$$

gibt zudem den Expansionsanteil des Fluids im Turbinenrad im Verhältnis zur gesamten Stufe für den Betriebspunkt T-BP1 an. Das Verhältnis der ermittelten Flächen der ETA-Turbinenstufe unterscheidet sich etwas zu den Flächenverhältnissen der Mixed-flow Varianten. Dennoch ergibt sich für den strömungsmechanischen Ersatzquerschnitt $A_{s,T}$ ein ähnlicher Wert. Die Flächenermittlung zeigt außerdem, dass die optimierten Turbinen, trotz des deutlich größeren Austrittsdurchmessers der Referenzturbine, aufgrund der Form ihrer Schaufelprofile einen ähnlich großen Querschnitt aufweisen.

Tab. 7.3: Gemessene und berechnete Größen zur Expansion in der Turbinenstufe

	Gemessene Größen				**Berechnete Größen**	
	$A_{min,Vol}$ / mm^2		$A_{min,TR}$ / mm^2		$A_{s,T,T-BP1}$ / mm^2	r_{T-BP1} / $-$
Referenz	368	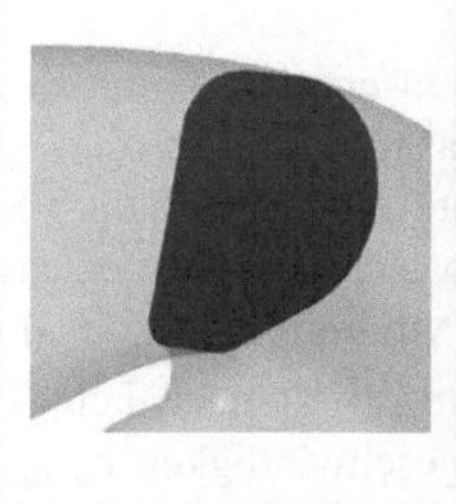	484	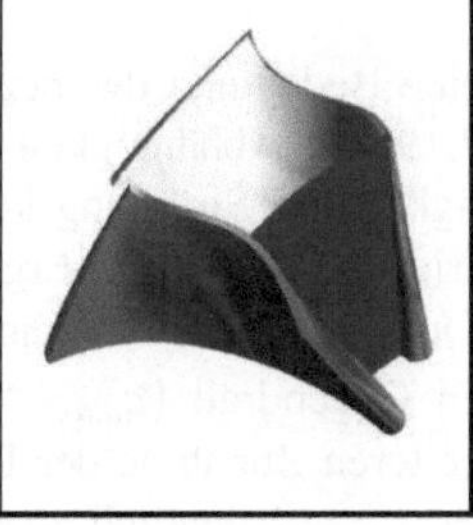	253,9	0,27
ETA	356		510		255,9	0,37
MTM	369		487		255,0	0,30

Die Größe des Strömungsquerschnittes $A_{min,TR}$ wird in radialer Richtung nur über die Parameter Austrittsradius an der Nabe R_{TE} und Schaufelhöhe H_{TE} bestimmt. Je nach Schaufelform entsteht zwischen der Druck- und Saugseite letztlich der minimale Strömungsquerschnitt, welcher in Größe, Form und Positionierung das Resultat der

Kombination aller Schaufelparameter darstellt. Hierzu zeigt Abb. 7.18 den Teilungswinkel

$$s = \frac{2\pi}{N_B} \tag{7.18}$$

und den minimalen Öffnungswinkel o zwischen zwei benachbarten Schaufeln, dargestellt auf halber Schaufelhöhe für die drei betrachteten Turbinen. Da die Darstellung in der winkelkonformen Abbildung (Θ- m'-Ebene) erfolgt, entspricht das Winkelmaß den dargestellten Strecken. In kartesischen Koordinaten bezieht sich die Messung des minimalen Öffnungswinkels auf die Rotationsachse und erfolgt in einer orthogonal zu der Saugseitentangente gerichteten Ebene (siehe Abb. A.18). Wie Abb. A.19 an den Varianten des Versuchsplans DoE 1 zeigt, steht der von dieser Tangente definierte Schaufelwinkel $\beta_{ss}(o)$ in einer engen geometrischen Beziehung zu dem Winkelverhältnis o/s, welches im Folgenden auch als bezogener Düsenquerschnitt bezeichnet wird. In der Darstellung des ETA- und MTM-Profils in Abb. 7.18 ist zusätzlich die Tangente und der Öffnungswinkel o des Referenz-Profils eingefügt, um die entsprechenden Unterschiede zu verdeutlichen.

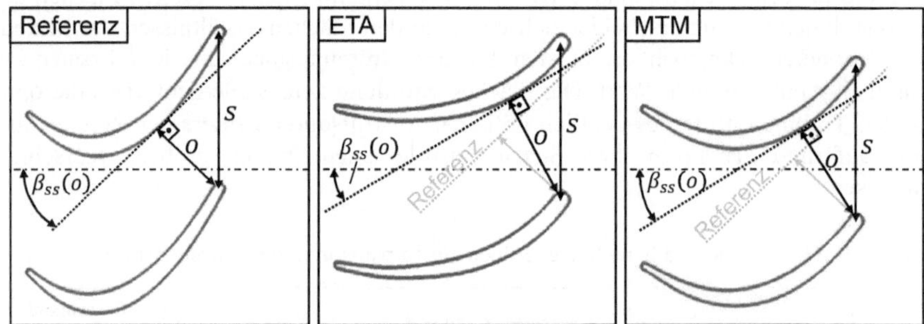

Abb. 7.18: Minimaler Öffnungswinkel und Teilungswinkel auf halber Schaufelhöhe

Um die allgemeine Bedeutung des bezogenen Düsenquerschnitts zu zeigen, wird zunächst in Abb. 7.19a die Abhängigkeit des Abgasgegendrucks $p_{ein,T-BP1}$ von der Umfangsgeschwindigkeit der Strömungskomponente $c_{u,aus}$ auf halber Schaufelhöhe am Turbinenradaustritt dargestellt. Die Ergebnisse basieren auf den erzeugten Designs des Versuchsplans DoE 1. Für den Bereich eines Mitdralls $\left(c_{u,aus} > 0\ m/s\right)$ sowie bei einem moderaten Gegendrall $\left(c_{u,aus} > -100\ m/s\right)$ ist noch kein Trend erkennbar. Erst bei einer weiteren Zunahme der Umfangsgeschwindigkeit $c_{u,aus}$ nimmt der Abgasgegendruck $p_{ein,T-BP1}$ deutlich zu. Die Umfangskomponente der Turbinenabströmung $c_{u,aus}$ wird dabei in großem Maße von dem bezogenen Düsenquerschnitt o/s bestimmt, wie Abb. 7.19b zeigt.

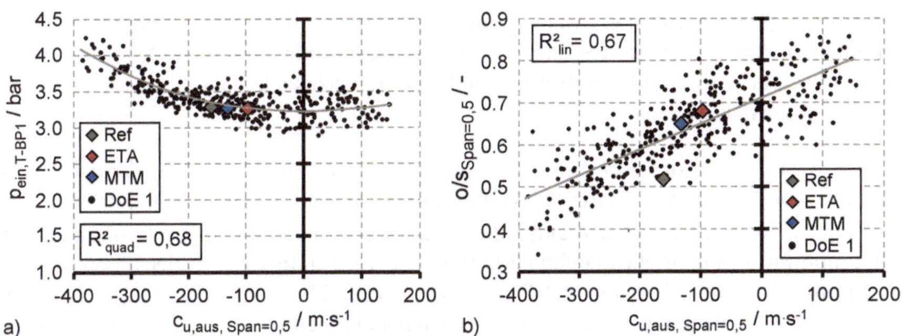

Abb. 7.19: Allgemeine Trends zur Erklärung des Aufstauverhaltens anhand der Turbinenabströmung und der hierauf einflussnehmenden geometrischen Gestaltung
a) Zusammenhang zwischen $p_{ein,T-BP1}$ und $c_{u,aus,Span=0,5}$ in T-BP1
b) Zusammenhang zwischen $o/s_{Span=0,5}$ und $c_{u,aus,Span=0,5}$ in T-BP1

Trotz des großen Variationsraumes der Faktoren im Versuchsplan DoE 1 ist ein eindeutiger Zusammenhang erkennbar. Zusätzlich sind die Bestimmtheitsmaße, die sich aus der quadratischen bzw. linearen Beschreibung des Trends ergeben, in den Diagrammen dargestellt. Für eine detailliertere Untersuchung der Auswirkungen des bezogenen Düsenquerschnitts o/s wird ein Versuchsplan aus 80 Experimenten nach dem LHV erstellt, wobei nur die Faktoren zur Beschreibung der drei Schaufelprofile am Turbinenaustritt in ihrem Gültigkeitsbereich variiert werden. Dies beinhaltet die Schaufelwinkel an der Hinterkante sowie den Parameter für den Umschlingungswinkel. Die Schaufelanzahl wird in dieser Studie nicht variiert. Zur vollständigen Beschreibung der Turbinengeometrie dienen die übrigen Parameterwerte der ETA-Turbine. Die resultierenden Werte des bezogenen Düsenquerschnitts o/s der Schaufelprofile ergeben sich schließlich aus den möglichen Faktorkombinationen. Dabei beschränkt sich die Auswertung weiterhin auf das mittlere Schaufelprofil, da die Korrelationen mit der Strömung hier am stärksten sind. In Abb. 7.20 werden dazu die Grenzen des geometrischen Variationsbereiches zusammen mit der resultierenden Strömung dargestellt.

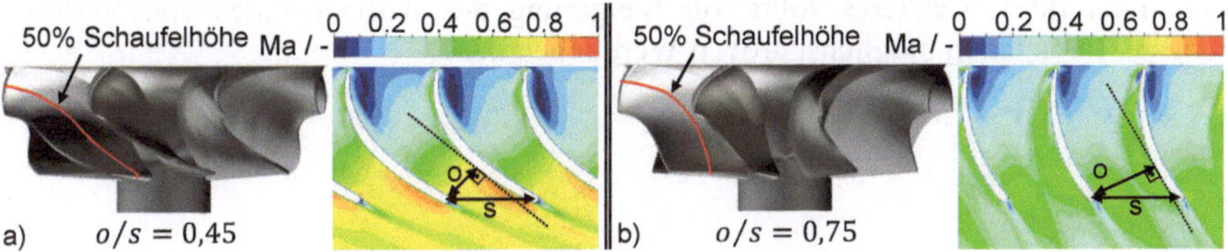

Abb. 7.20: Auswirkungen des min. und max. Winkelverhältnisses o/s im Versuchsplan bei halber Schaufelhöhe und identischer Massenstromrandbedingung $\dot{m}_2$ für a) und b)

Die strömungsmechanischen Auswirkungen werden in fünf Betriebspunkten unterschiedlichen Massenstroms entlang der Drehzahlkennlinie $n_{red} = 6000\ min^{-1}K^{-0,5}$ untersucht. Der jeweilige Betriebspunkt stellt in dem Versuchsplan einen weiteren variablen Faktor dar.

In Abb. 7.21 werden die wesentlichen Ergebnisse dieser Studie gezeigt. Zunächst verdeutlicht Abb. 7.21a, dass es für den Wirkungsgrad $\eta_{p,T}$ ein optimales Dichteverhältnis ρ_{ein}/ρ_{aus} gibt, welches bei den geltenden Randbedingungen einen Wert von ungefähr 1,46 annimmt. Ein ähnliches Dichteverhältnis von 1,49 stellt sich bei der ETA-Turbine im Optimierungsbetriebspunkt T-BP1 ein. In Abb. 7.21b wird veranschaulicht, dass der bezogene Düsenquerschnitt je nach Betriebspunkt einen unterschiedlich starken, wie auch entgegengesetzten Einfluss auf den Wirkungsgrad $\eta_{p,T}$ haben kann. Die Richtung dieses Einflusses ist davon abhängig, ob das resultierende Dichteverhältnis ρ_{ein}/ρ_{aus} kleiner oder größer als der optimale Wert von 1,46 ist. Die Ab- und Anströmung des mittleren Schaufelprofils ist in Abb. 7.21d anhand der Geschwindigkeitskomponente $c_{u,aus,\,Span=0,5}$ und in Abb. 7.21f anhand des relativen Strömungswinkels $\beta_{ein,\,Span=0,5}$ dargestellt, welcher in dem vorliegenden Fall einer Radialturbine näherungsweise auch dem Inzidenzwinkel i entspricht. Unabhängig von dem untersuchten Betriebspunkt steigt mit sinkendem Winkelverhältnis o/s der Abgasgegendruck $p_{ein,T-BP1}$ an, was anhand des Druckverhältnisses in Abb. 7.21c belegt wird. Der Zusammenhang zwischen dem Abgasgegendruck $p_{ein,T-BP1}$, der Geschwindigkeitskomponente $c_{u,aus}$ und dem bezogenen Düsenquerschnitt bei 50% der Schaufelhöhe, welcher bereits in Abb. 7.19 gezeigt wurde, bestätigt sich hier für unterschiedliche Betriebspunkte.

Ein weiterer bedeutender Effekt des Auslegungsmerkmals o/s wird in Abb. 7.21e dargestellt. Da mit kleinerem bezogenen Düsenquerschnitt die Schaufelumschlingung $\Delta\Theta$ tendenziell ansteigt, nimmt dadurch auch die Länge der Schaufel von Vorder- zu Hinterkante zu. Bei etwa gleich großer Schaufeldicke führt dies zu einer größeren Gesamtmasse des Turbinenrades. Als Fazit bleibt dabei festzuhalten, dass ein großer bezogener Düsenquerschnitt den Abgasgegendruck $p_{ein,T-BP1}$ und das Massenträgheitsmoment J_T im Allgemeinen verringert und somit zu einem günstigen $\dot{m}_{red}/J_T$-Verhältnis führt. Letzteres sollte zur Steigerung des Aufladegrades von Verbrennungsmotoren einen möglichst großen Wert annehmen.

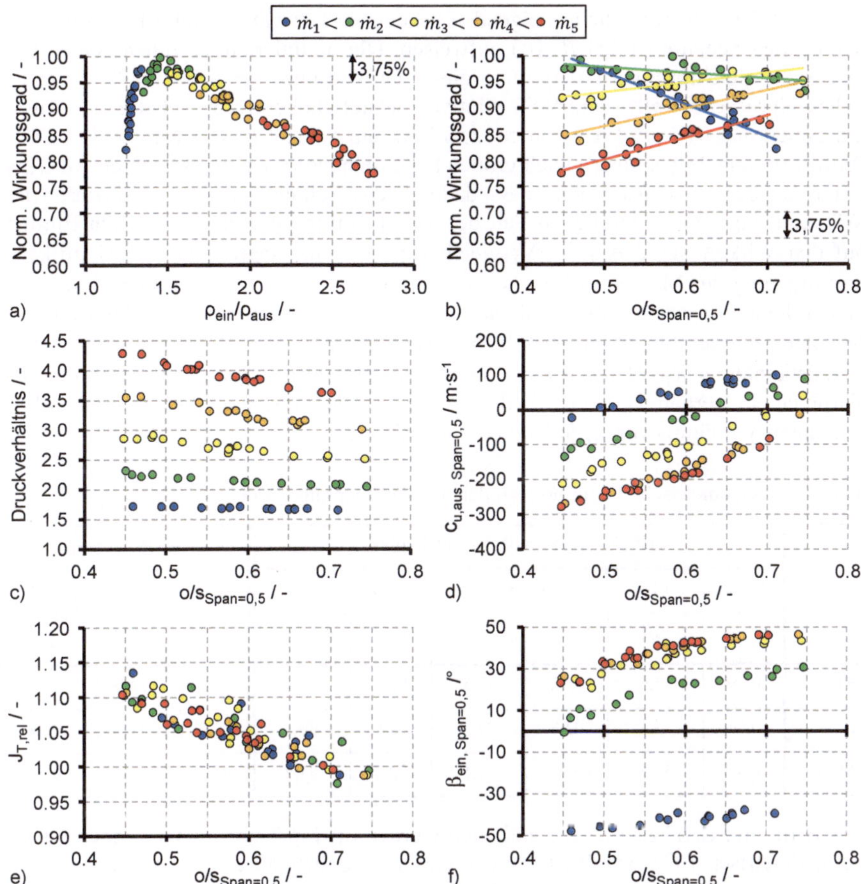

Abb. 7.21: Ergebnisse der Variation des bezogenen Düsenquerschnitts unter Verwendung der ETA-Turbine als Basisgeometrie mit Berücksichtigung unterschiedlicher Betriebspunkte bei $n_{red} = 6000\ min^{-1}K^{-0,5}$

a) Zusammenhang von ρ_{ein}/ρ_{aus} und $\eta_{p,T}$ b) Betriebspunktabhängige $\eta_{p,T}$-Trends
c) Einfluss auf das Druckverhältnis d) Einfluss auf den Austrittsdrall
e) Einfluss auf die Massenträgheit f) Einfluss auf den Anströmungswinkel

Für die Referenz und die beiden optimierten Turbinenräder ist in Tab. 7. abschließend eine Übersicht der wichtigsten Definitionsgrößen bei der geometrischen Gestaltung des Turbinenradaustritts dargestellt. Zu erwähnen ist, dass die Schaufeldicke bei 10% der Schaufelhöhe im Vergleich zu den beiden anderen Profilschnitten einen deutlich größeren Anteil am Gesamtumfang ausmacht. Hieraus resultiert im Allgemeinen ein kleinerer bezogener Düsenquerschnitt im Vergleich zu den übergeordneten Schaufelprofilen. Der Tabelle ist zu entnehmen, dass die Schaufelprofile der Referenzturbine einen mit der Schaufelhöhe ansteigenden bezogenen Düsenquerschnitt bzw. einen abnehmenden Schaufelwinkel $\beta_{ss}(o)$ aufweisen. Die optimierten Turbinen zeigen eine insgesamt gleichförmigere Verteilung dieser Größen über der Schaufelhöhe. Für die Schaufelprofile bei 50% und 90% relativer Schaufelhöhe ergibt sich für das Auslegungsmerkmal o/s ein Wert von ca. $2/3$ bzw. ein Winkel $\beta_{ss}(o)$ von ca. 30°. Diese Profilform erlaubt bei einer gleich großen Schaufelhöhe H_{TE} einen kleineren Austrittsradius an der Nabe R_{TE}, ohne dass dadurch das Schluckvermögen reduziert wird. Während diese Veränderung im Fall der MTM-Turbine nur einen geringen Einfluss auf den Wirkungsgrad $\eta_{p,T}$ im Vergleich zur Referenz zeigt, wird eine signifikante Verringerung der Massenträgheit J_T erzielt. Bei der ETA-Turbine erlaubt dieses Verhalten die Kompensation der erhöhten Massenträgheit aufgrund der radialen Bauweise bei gleichzeitiger Steigerung des Wirkungsgrades $\eta_{p,T}$. Für das Durchmesser- bzw. Radiusverhältnis $R_{TE}/(R_{TE} + H_{TE})$ am Turbinenradaustritt folgt für die optimierten Turbinen ein Verhältnis von ca. $1/3$, was sich von der Auslegung der Referenzturbine mit einem Verhältnis von $2/5$ deutlich unterscheidet.

Tab. 7.4: Geometrische Definitionsgrößen am Turbinenradaustritt

	Definitionsgrößen des Schaufelprofils						Radiale Definitionsgrößen		
	$Span = 0{,}1$		$Span = 0{,}5$		$Span = 0{,}9$		R_{TE} / mm	H_{TE} / mm	$\frac{R_{TE}}{R_{TE}+H_{TE}}$ /–
	$^o/_s$ /–	$\beta_{ss}(o)$ /°	$^o/_s$ /–	$\beta_{ss}(o)$ /°	$^o/_s$ /–	$\beta_{ss}(o)$ /°			
REF	0,39	45,6	0,52	43,5	0,58	36,3	7,2	11,0	0,40
ETA	0,54	27,4	0,68	27,6	0,68	30,3	5,6	11,1	0,34
MTM	0,46	37,6	0,65	32,5	0,68	31,2	5,2	11,2	0,32

Mit Hilfe von CAE-gestützten Methoden wurden in Kap.7 die Auswirkungen wichtiger geometrischer Größen des Turbinenrades auf die Strömung untersucht und optimale Auslegungsmerkmale abgeleitet. Auf dieser Grundlage konnten Analysen durchgeführt werden, welche den Optimierungsgewinn der ETA- und MTM-Turbine gegenüber der Referenzturbine erklären. Zur Bekräftigung der abgeleiteten Schlussfolgerungen ist eine messtechnische Bestätigung der simulativ ermittelten Ergebnisse notwendig. Zudem sind die Auswirkungen der optimierten Turbinen im Motorbetrieb im Vergleich zur Referenzturbine aufzuzeigen. Dem widmet sich das folgende Kapitel.

8 Experimentelle Ergebnisse

Zur Überprüfung der numerischen Ergebnisse werden Prototypen der optimierten Turbinen hergestellt und anschließend messtechnisch untersucht. Aus Gründen der Vergleichbarkeit wird das Referenzturbinenrad inklusive Gehäuse mit dem gleichen Fertigungsverfahren reproduziert, womit größere Unterschiede, beispielsweise in der Oberflächengüte oder in dem Schwindverhalten der Gussteile ausgeschlossen werden sollen. Die Turbinenräder bestehen aus einer hochwarmfesten Legierung (IN 713) und werden in einem Feingussverfahren hergestellt. Für das Turbinengehäuse wird ein hitzebeständiger Stahlguss der Werkstoffnummer 1.4849 (DIN EN 10295) verwendet. Für jeden Abgasturbolader müssen außerdem die dazu passenden Hitzeschilder und Wellen gefertigt werden. In Abb. 8.1 sind die zusammengebauten Turbolader von der Turbinenansicht mit den jeweils gefertigten Turbinenrädern dargestellt.

Abb. 8.1: Experimentell untersuchte Abgasturbolader mit unterschiedlichen Turbinen
a) Referenz b) ETA c) MTM

Zunächst werden die Abgasturbolader am Motorprüfstand betrieben, um die Auswirkungen der unterschiedlichen Turbinengeometrien auf das stationäre und transiente Motorbetriebsverhalten untersuchen zu können. Anhand von ausgewählten stationären Motorbetriebspunkten wird zudem eine zeitlich gemittelte Auswertung der Messgrößen für verschiedene ATL-Drehzahlen vorgenommen. Dadurch wird eine Bewertung der Turbinenräder im instationären Betrieb unter pulsierender Beaufschlagung ermöglicht. Für die Untersuchung stationärer Turbinenbetriebspunkte, die auch zur Validierung der CFD-Simulationen verwendet werden, wird anschließend eine zweite Messkampagne am Heißgasprüfstand durchgeführt.

8.1 Untersuchungen am Motorprüfstand

Für die nachfolgenden Messungen zeigt Abb. 8.2a den Motorprüfstand in einer Übersichtsdarstellung. In dem vergrößerten Ausschnitt (Abb. 8.2b) kann am Beispiel des Referenz-ATL die Positionierung der Messstellen auf der Turbinenseite entnommen werden.

Abb. 8.2: Prüfstand für den stationären und dynamischen Motorbetrieb
a) Übersichtsdarstellung b) Referenz-ATL mit Messstellen der Turbine

8.1.1 Stationärer Motorbetrieb

Als erstes wird am Motorprüfstand die stationäre Volllast vermessen. Diese wird in Abb. 8.3a anhand der Verläufe für das Motormoment und der Leistung im Drehzahlbereich $n_M = 1000 - 6000\,min^{-1}$ dargestellt. Die Fehlerbalken resultieren aus der ermittelten Standardabweichung des induzierten Mitteldrucks (Abb. A.12). Im Motorbetrieb lassen sich die Unterschiede zwischen den Turbinen am besten für Motordrehzahlen n_M bis einschließlich $1500\,min^{-1}$ untersuchen, da hier das Wastegate komplett geschlossen ist und der gesamte Abgasmassenstrom durch die Turbine strömt. In Abb. 8.3b ist dieser Bereich vergrößert dargestellt. Hier wird deutlich, dass die Verwendung des ATL mit der ETA-Turbine zu einem weitaus größeren stationären Motormoment bei niedrigen Drehzahlen führt als bei den zwei anderen ATL mit der Referenz bzw. der MTM-Turbine. Bei Motordrehzahlen n_M von $1250\,min^{-1}$ und $1500\,min^{-1}$ beträgt relative Steigerung, die durch die ETA-Turbine erzielt wird, ca. +11%. Der Drehmomentunterschied zwischen den Mixed-flow Turbinen liegt im Bereich der Messunsicherheit und ist damit vernachlässigbar. Diese Ergebnisse decken sich mit den Erwartungen, welche anhand der CFD-Ergebnisse aus Abb. 6.18 abgeleitet wurden.

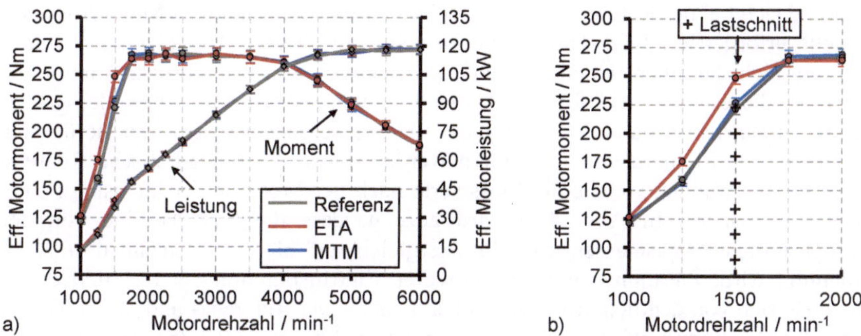

Abb. 8.3: Stationäre Motorvolllast unter Verwendung der drei Abgasturbolader
a) Motorleistung und Motormoment im gesamten gemessenen Drehzahlbereich
b) Motordrehmoment im Drehzahlbereich $n_M = 1000 - 2000\ min^{-1}$ mit Kennzeichnung der Lastschnittbetriebspunkte $p_{me} = 8{,}10, \ldots, 20\ bar$

Zur weiteren Analyse der drei ATL-Turbinen im Motorbetrieb wird ein Lastschnitt bei einer Drehzahl n_M von $1500\ min^{-1}$ vermessen, dessen einzelne Messpunkte in Abb. 8.3b dokumentiert sind. Hierbei wird bei geschlossenem Wastegate die Motorlast ausschließlich über die Drosselklappe im Saugrohr geregelt, wodurch die Einstellung des effektiven Mitteldrucks p_{me} erfolgt. So können die Turbinen bei gleich großem Abgasmassenstrom $\dot{m}_T$ auch in der Motorteillast analysiert und deren Auswirkungen auf den Motorbetrieb dargestellt werden. Hierzu zeigt Abb. 8.4a in Abhängigkeit des effektiven Mitteldrucks die geregelte Öffnung der Drosselklappe, welche sich bei der Verwendung der unterschiedlichen Turbinen einstellt, um die geforderte Motorleistung bereitzustellen. Entsprechend ergeben sich die in Abb. 8.4b dargestellten Ladedrücke (Druck nach Drosselklappe).

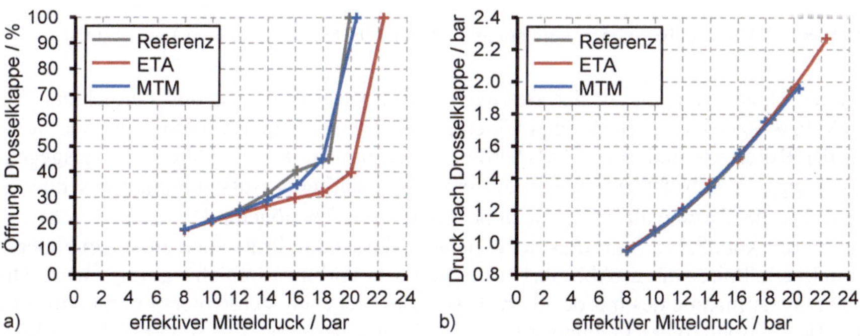

Abb. 8.4: Turbinenabhängige Regelung des Motors bei $n_M = 1500\ min^{-1}$
a) Regelung des effektiven Mitteldrucks über die Drosselklappe im Saugrohr
b) Beziehung zwischen dem effektiven Mitteldruck im Zylinder und dem Ladedruck

Während sich bei der Referenz- und der MTM-Turbine eine ähnliche Motordrosselung einstellt, erfordert die ETA-Turbine eine zunehmend stärkere Drosselung des Motors, damit es nicht zu einem Überschreiten des effektiven Soll-Mitteldrucks kommt. Zur Erklärung dieses Verhaltens folgt die Darstellung von zeitlich gemittelten Messgrößen, womit der Betriebszustand des jeweiligen ATL wiedergegeben wird. Zur Berücksichtigung von Messfehlern und Ausreißern werden lineare oder quadratische Regressionskurven verwendet, welche die Messwerte nach der Methode der kleinsten Fehlerquadrate annähern. In Abb. 8.5a wird gezeigt, dass die ETA-Turbine von dem bereitgestellten Abgasmassenstrom im Vergleich auf höhere Drehzahlen n_{red} beschleunigt wird. Zusammen mit dem größeren Eintrittsdurchmesser resultiert dies in einem Betrieb von deutlich größerer Laufzahl als bei der Referenz- und MTM-Turbine (Abb. 8.5b). Hiermit wird belegt, was bereits in Abschn. 3.2.3 theoretisch gezeigt wurde: Die Laufzahl ist als Bewertungskriterium von unterschiedlichen Turbinen ungeeignet, da sich deren Arbeitsbereich in dem gleichen Motorbetriebspunkt deutlich voneinander unterscheiden kann. Für die Berechnung der Laufzahl wird der geometrisch mittlere Eintrittsdurchmesser der Turbinen verwendet.

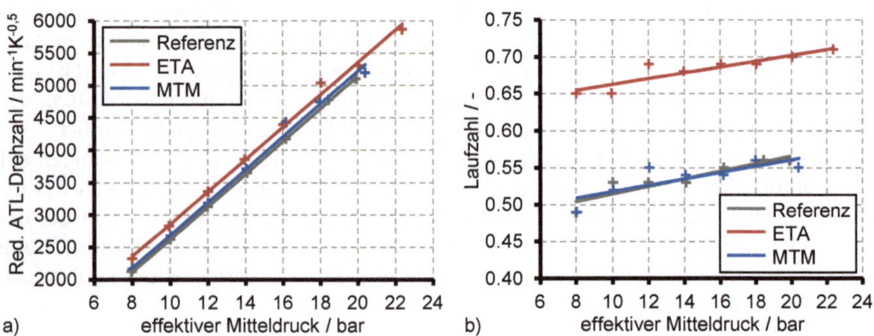

Abb. 8.5: Turbinenbetriebszustand anhand der red. Drehzahl (a) und der Laufzahl (b)

Weitere Auswirkungen auf den Betriebszustand der Turbine und des Verdichters sind in Abb. 8.6 zu finden. Im Bereich höherer Lasten weist die ETA-Turbine im Vergleich zu der Referenz- und der MTM-Turbine einen um bis zu 3% höheren Abgasgegendruck $p_{ein,T}$ (Abb. 8.6b) auf, was auf ein etwas stärkeres Aufstauverhalten schließen lässt. Da die Turbine allerdings auch bei einer um 6-7% höheren Drehzahl n_{red} betrieben wird (Abb. 8.5a), führt dies bei gleichem Massendurchsatz auch zu einem höheren Druckverhältnis, was in Abb. A.13 für die ETA-Turbine simulativ gezeigt wird. Die Leistungsaufnahme des mit der ETA-Turbine betriebenen Verdichters nimmt aufgrund der Betriebspunktverschiebung zu, was sich in einem ca. 4% größeren Verdichterdruckverhältnis

$$\Pi_{tt,V} = \frac{p_{tot,aus,V}}{p_{tot,ein,V}} \tag{8.1}$$

und einem bis zu 3% geringeren Verdichterwirkungsgrad

$$\eta_{tt,V} = \frac{P_{s,V}}{P_V} = \frac{\Pi_{tt,V}^{\frac{\kappa-1}{\kappa}} - 1}{\frac{T_{tot,aus,V}}{T_{tot,ein,V}} - 1} \tag{8.2}$$

äußert (Abb. 8.5c). Letzteres resultiert aus der stärkeren Androsselung des Verdichters und der damit einhergehenden Betriebspunktverschiebung zur Pumpgrenze.

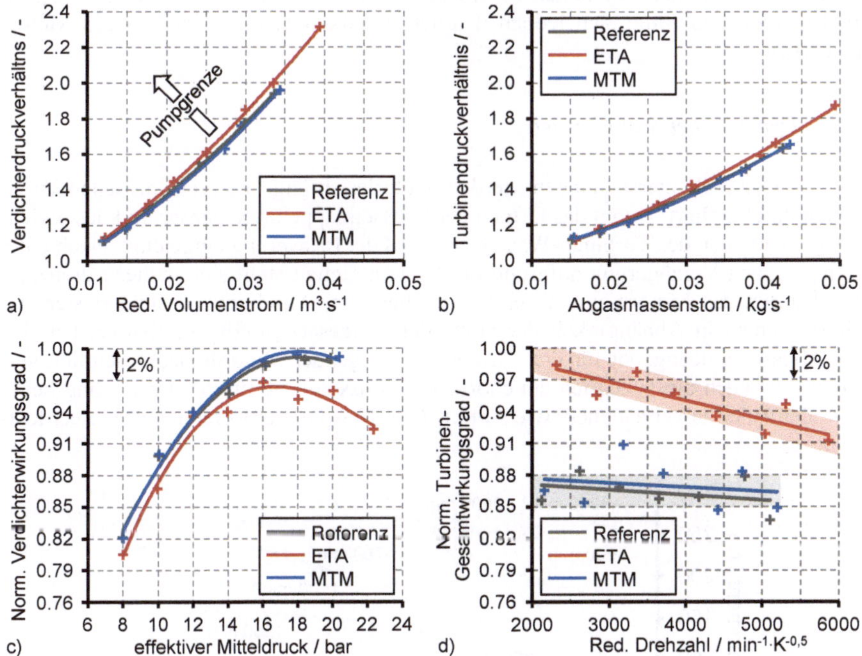

Abb. 8.6: Zeitlich gemittelte Messgrößen für den Lastschnitt bei $n_M = 1500\ min^{-1}$
a) Betriebspunkte im Verdichterkennfeld b) $\overline{\Pi_{ts,T}}$ im Motorbetrieb
c) Norm. $\overline{\eta_{tt,V}}$ im Motorbetrieb d) Norm. $\overline{\eta_{s,T} \cdot \eta_{m,ATL}}$ im Motorbetrieb

Die Berechnung des mechanisch-kombinierten Gesamtwirkungsgrades der Turbine $\overline{\eta_{s,T} \cdot \eta_{m,ATL}}$ erfolgt nach Gl. (4.9) aus den zeitlich gemittelten Messgrößen und ist in Abb. 8.6d über der reduzierten Drehzahl n_{red} aufgetragen. Das Wirkungsgradniveau der Referenz- und der MTM-Turbine liegt in dem untersuchten Drehzahlbereich überwiegend in einem gemeinsamen Toleranzband von ±1%. Die berechneten Wirkungsgrade der ETA-Turbine befinden sich ebenfalls in einem Toleranzband von ±1%, welche allerdings einen sinkenden Verlauf über der Drehzahl annehmen. Bezogen die Regressionskurven weist die ETA-Turbine einen um 4,5% bis 8,0% höheren mechanisch-kombinierten Wirkungsgrad gegenüber den anderen beiden Turbinen auf. Dies entspricht einer relativen Wirkungsgradsteigerung $\overline{\eta_{ETA}}/\overline{\eta_{ref}}$ von 1,076 bis 1,135.

Anhand der Ergebnisse aus den zeitlich gemittelten Messwerten vom Motorprüfstand können die Aussagen der stationären Kennfeldsimulation aus Abschn. 6.6 tendenziell bestätigt werden. Die Verwendung der wirkungsgradoptimierten Turbine ermöglicht eine Steigerung des effektiven Mitteldrucks bzw. Motormoments um ca.11%, wodurch das Motoreckmoment deutlich früher erreicht wird. Zwischen der massenträgheitsoptimierten MTM-Turbine und der Referenzturbine sind keine nennenswerten Unterschiede im stationären Verhalten zu erkennen. Der Einfluss des reduzierten Massenträgheitsmoments sollte sich jedoch deutlich auf das Dynamikverhalten des Motors auswirken.

8.1.2 Dynamischer Motorbetrieb

Für die Dynamikuntersuchungen werden Motorlastsprünge bei verschiedenen Drehzahlen durchgeführt. Durch das Öffnen der Drosselklappe im Saugrohr und das gleichzeitige Schließen des Turbinen-Wastegates wird der Lastsprung eingeleitet. Nach einer geringfügigen Verzögerung aufgrund der Systemträgheit stellt sich, nahezu drehzahlunabhängig, das Motormoment der Saugvolllast ein. Anschließend steigert sich das Motormoment in Abhängigkeit der vom ATL umgesetzten Abgasenthalpie. Da sich das Abgasenergieangebot für die Turbine mit steigender Motordrehzahl deutlich vergrößert, ist auch diesbezüglich ein enormer Einfluss auf die für den Lastsprung benötigte Zeitdauer zu verzeichnen, wie Abb. 8.7 am Beispiel der Referenzturbine verdeutlicht.

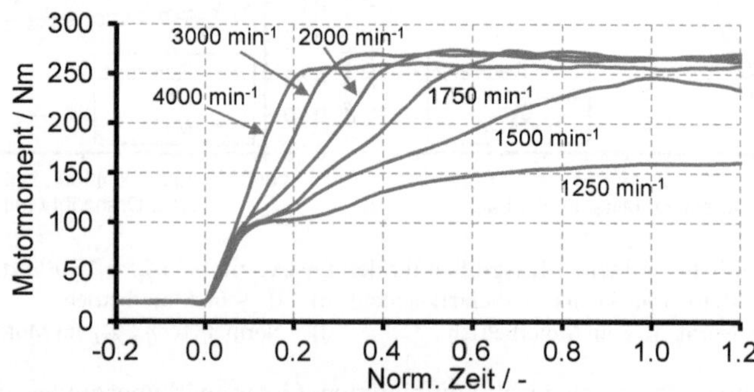

Abb. 8.7: Lastsprünge bei verschiedenen Motordrehzahlen (Referenzturbine)

Im Vergleich zur Referenz ergeben sich bei der Verwendung der optimierten Turbinen kürzere Ansprechzeiten, womit die Zeit vom Auslösen des Lastsprungs bis zum Erreichen von 90% des maximalen Drehmoments bei der jeweiligen Motordrehzahl definiert ist. In Abb. 8.8a wird die generelle Abhängigkeit der Ansprechzeit von der Motordrehzahl sowie der jeweilige Unterschied zwischen den Turbinen gezeigt. Dazu ist in Abb. 8.8b die relative Reduzierung der Ansprechzeit durch die optimierten Varianten im Vergleich zur Referenzturbine dargestellt. Die Tatsache, dass der relative Unterschied zur Referenz bei höheren Motordrehzahlen immer weiter abnimmt, wird darauf zurückgeführt, dass die Zeit bis zum Erreichen der Saugvolllast einen immer größeren Anteil an der gesamten Ansprechzeit ausmacht (vgl. Abb. 8.7). So nimmt der relative Zeitvorteil, welcher mit der MTM-Turbine erreicht wird, von zunächst ca. 15% näherungsweise linear auf ca. 6% ab.

Die Ergebnisse der ETA-Turbine sind für zwei Drehzahlbereiche des Motors zu diskutieren. Im ersten Bereich, bis zu einer Motordrehzahl von einschließlich 1500 min^{-1}, führt der höhere Wirkungsgrad im Vergleich zu der Referenz- und MTM-Turbine zu einem größeren stationären Endmoment, was mit einer zum Teil erheblichen Reduzierung der Ansprechzeit einhergeht. Wird ein Lastsprung bei Motordrehzahlen $n_M \geq 1750\ min^{-1}$ durchgeführt, ist das stationäre Endmoment aufgrund der geregelten Begrenzung des effektiven Mitteldrucks unabhängig von den hier verwendeten Turbinen. Dadurch fällt die relative Reduzierung der Ansprechzeit für die wirkungsgradoptimierte Turbine deutlich geringer aus als im ersten Bereich. Bei höheren Motordrehzahlen zeigt die ETA-Turbine ein ähnliches Verhalten für die relative Reduzierung der Ansprechzeit wie die massenträgheitsoptimierte Variante, jedoch beträgt der Gewinn nur noch etwa die Hälfte.

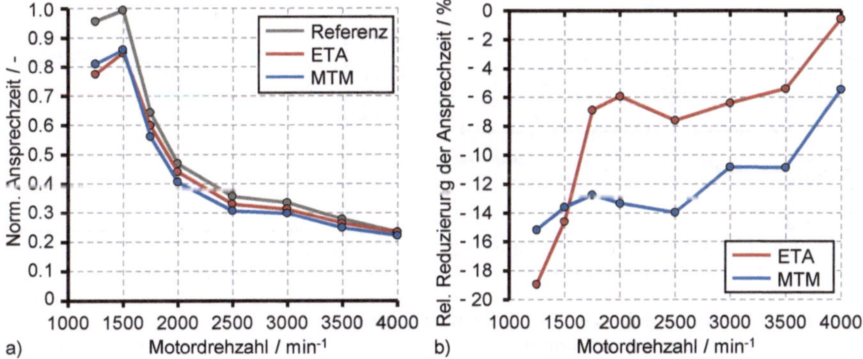

Abb. 8.8: Vergleich der Ansprechzeit bei Lastsprüngen von unterschiedlicher Motordrehzahl zum Erreichen von 90% des Endmoments
a) Normierte absolute Ansprechzeit b) Relative Zeitreduzierung zur Referenz

Im Folgenden wird der Lastsprung bei 1500 min^{-1} detaillierter untersucht. Wie Abb. 8.9a zeigt, ist die mittlere Steigung des Motormoments $\overline{dM/dt}$ für die optimierten Turbinen etwa gleich groß. Das Endmoment von 250 Nm wird im Vergleich zur Referenz in einer um 20% reduzierten Zeit erreicht. Qualitativ ähnliche Verläufe ergeben sich auch für den Aufbau des Ladedrucks in Abb. 8.9b. Unterschiede zeigen sich bei genauerer Betrachtung. So ist zu erkennen, dass die MTM-Turbine zu Beginn des

Lastsprungs das größte Beschleunigungsvermögen besitzt, was im Hochlaufverhalten der Turboladerdrehzahl besonders deutlich wird (Abb. 8.9d). Im weiteren Verlauf wird der entstandene Drehzahlunterschied von der ETA-Turbine allerdings wieder ausgeglichen. Letztere kann zur massenträgheitsgleichen Referenzturbine bis $t_{norm} < 0{,}2$ noch keinen Vorteil im Ansprechverhalten generieren. Erst mit kurzer Verzögerung werden die selbstverstärkenden Auswirkungen des höheren Turbinenwirkungsgrades sichtbar.

Die Motorsteuerung unterstützt den Lastsprung indem eine verspätete Öffnung der Auslassventile stattfindet, um dadurch einen größeren Stoßeffekt zum Antrieb der Turbinen erzeugen zu können. Die Umsetzung wird über eine Verstellung der Auslassnockenwelle (ANW) ermöglicht (siehe Abb. 8.9c).

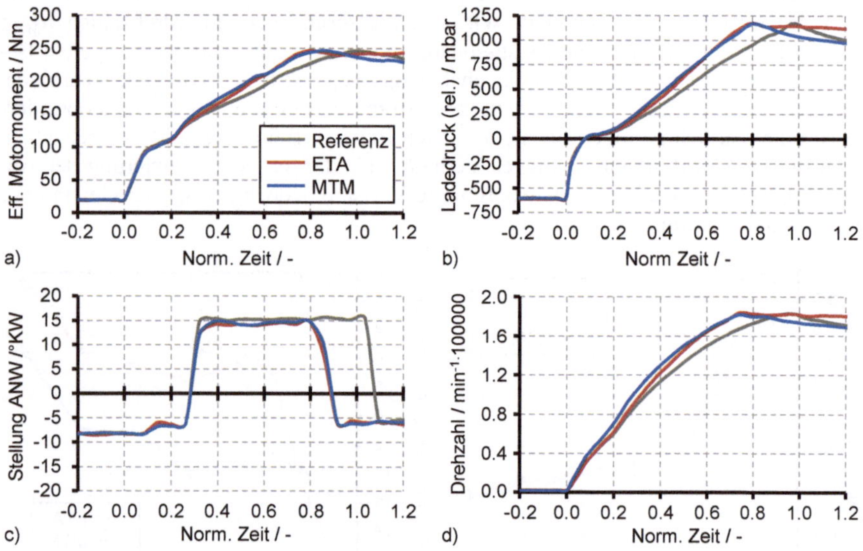

Abb. 8.9: Auswirkung der Turbinen bei einem Lastsprung ($n_M = 1500\ min^{-1}$)
a) Effektives Motormoment b) Ladedruck (rel. zum Umgebungsdruck)
c) Auslassnockenwellenstellung d) ATL-Drehzahl

Mit dem Erreichen des Endmoments wird die Ventilsteuerung wieder umgestellt, was bei der Referenz- und MTM-Turbine mit einem Rückgang der ATL-Drehzahl, des Ladedrucks und schließlich des Motormoments verbunden ist. Die ETA-Turbine kann hingegen das erreichte Niveau trotz der ANW-Umstellung im stationären Motorbetrieb aufrechterhalten.

Im Folgenden werden nun die Ergebnisse der Parameterstudie vom Turbinenwirkungsgrad und dem Massenträgheitsmoment innerhalb der 1D-Ladungswechselsimulation aus Abschn. 6.1 mit den Messergebnissen der drei Turbinen verglichen.

Dazu wird der mittlere isentrope Wirkungsgrad aus den Turbinenkennfeldern (Tab. 6.8) und das Massenträgheitsmoment der Läufer in Gl. (6.5) eingesetzt. Somit ergibt sich für das Motormoment in Abhängigkeit der optimierten Turbinen eine theoretische Vergrößerung des zeitlich mittleren Gradienten $\overline{dM/dt}$ von

ETA: $$\overline{dM/dt}\left(J_{ATL}, \eta_{s,T}\right) = \mathbf{11{,}5\ Nm \cdot s^{-1}} + \left(\overline{dM/dt}\right)_{ref}, \tag{8.3}$$

MTM: $$\overline{dM/dt}\left(J_{ATL}, \eta_{s,T}\right) = \mathbf{9{,}2\ Nm \cdot s^{-1}} + \left(\overline{dM/dt}\right)_{ref}. \tag{8.4}$$

Es werden nun die Gradienten dM/dt während der gemessenen Lastsprünge zeitlich aufgelöst und ausgewertet. Hierfür zeigt Abb. 8.10a die auf den mittleren Gradienten der Referenzturbine $\overline{dM/dt_{ref}}$ bezogenen normierten Verläufe. Deutlich erkennbar ist das Erreichen der Saugvolllast zu Beginn des Lastsprungs. Der sich anschließende Bereich ($0{,}2 < t_{norm} < 0{,}7$) bis zum Beginn der asymptotischen Annäherung an das Endmoment wird für die Bewertung der Turbinen bezüglich der Motordynamik verwendet. Bezogen auf die Referenz ergeben sich die in Abb. 8.10b dargestellten, zeitlich aufgelösten Unterschiede im Gradientenverlauf des Motormoments für die ETA- und MTM-Turbine. Die aus den Messwerten ermittelte Steigerung des mittleren Gradienten $\overline{dM/dt}$ beträgt für die ETA-Turbine $\mathbf{+10{,}9\ Nm \cdot s^{-1}}$ und für die MTM-Turbine $\mathbf{+9{,}3\ Nm \cdot s^{-1}}$. Vergleicht man die Werte mit denen aus Gl. (8.3) und Gl. (8.4), so zeigt sich eine gute Übereinstimmung. Die simulationsbasierte Prognose mit Hilfe von 1D- und 3D-Methoden zum Einfluss des Massenträgheitsmoments und des Turbinenwirkungsgrades auf das Dynamikverhalten des Motors wird somit von den Messungen am Motorprüfstand bestätigt.

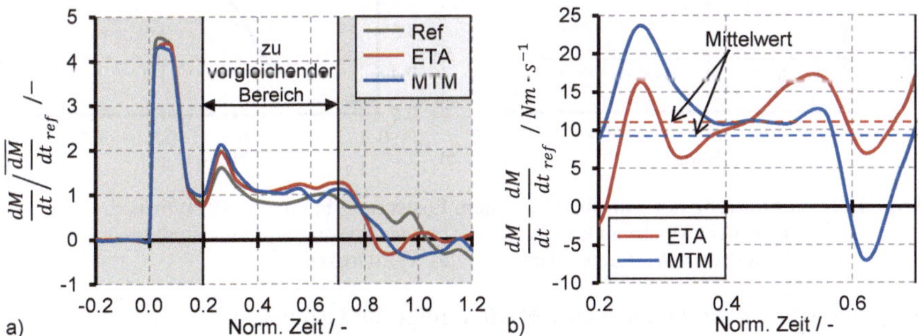

Abb. 8.10: Zeitlich aufgelöste Gradienten des Motormoments unter Verwendung der unterschiedlichen Turbinen (Lastsprung bei $n_M = 1500\ min^{-1}$)
a) Norm. Gradienten des Motormoments b) $(dM/dt)_{ETA,MTM} - (dM/dt)_{ref}$

Für den Lastsprung bei $1250\ min^{-1}$ ergibt sich bis zum asymptotischen Übergangsbereich ebenfalls ein etwa gleich großer mittlerer Gradient $\overline{dM/dt}$ für die MTM- und die ETA-Turbine. Letztere ermöglicht jedoch einen höheren Absolutwert des stationären

Endmoments. Die Verläufe für Motormoment, Ladedruck und ATL-Drehzahl sind in Abb. A.14 dargestellt.

Abschließend wird ein Lastsprung bei höherer Motordrehzahl näher untersucht. Hierzu werden die Auswirkungen der Turbinen beispielhaft für eine Motordrehzahl n_M von $3000\ min^{-1}$ diskutiert. Die Ergebnisse in Abb. 8.11 zeigen, dass das stationäre Endmoment, verglichen mit dem Lastsprung bei $1500\ min^{-1}$, bereits nach etwa einem Drittel der Zeit erreicht wird. Die Antriebsleistung des Abgases zum Beschleunigen des ATL ist bei dieser Drehzahl bereits so hoch, dass kaum noch ein Unterschied zwischen dem Gradienten der Saugvolllast und dem Gradienten des weiteren Momentenaufbaus infolge der Ladedrucksteigerung ausgemacht werden kann. Dementsprechend fällt auch der relative Unterschied zwischen den Turbinen geringer aus.

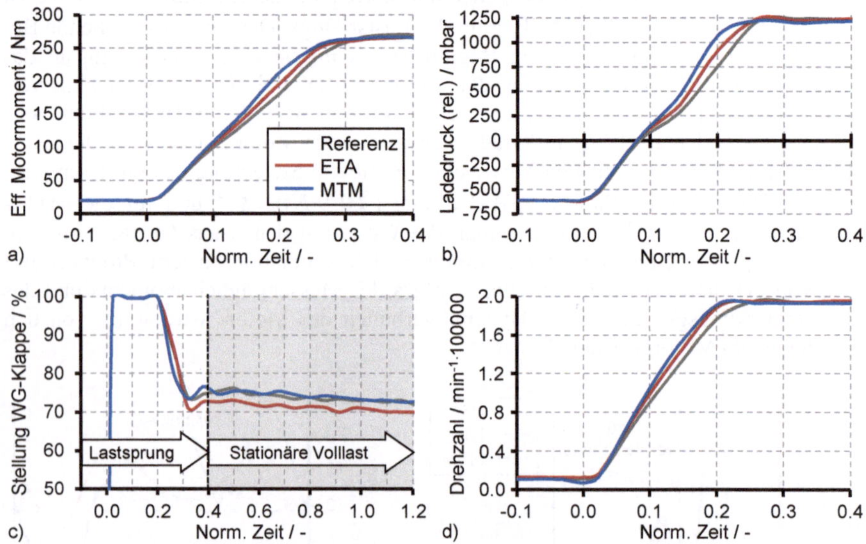

Abb. 8.11: Auswirkung der Turbinen bei einem Lastsprung bei $n_M = 3000\ min^{-1}$
a) Effektives Motormoment b) Ladedruck (relativ zum Umgebungsdruck)
c) Stellung der Wastegate-Klappe d) ATL-Drehzahl

Aufgrund des großen Gradienten $\overline{dM/dt}$ erfolgt die Öffnung des Wastegates bereits bei $t_{norm} \approx 0{,}2$ und somit deutlich vor dem Erreichen des maximalen Moments bei $t_{norm} \approx 0{,}3$. Dadurch wird ein Überschwingen im Momentenverlauf verhindert. Dies ist in der Darstellung des geregelten Verlaufs der Wastegate-Klappenstellung in Abb. 8.11c zu entnehmen, wobei eine Stellung von 100% einem komplett geschlossen Wastegate entspricht. Im Anschluss an den Lastsprung stellt sich im stationären Motorbetrieb der ETA-Turbine eine Stellung des Wastegates von ca. 70% ein. Gegenüber der Referenz und der MTM-Turbine ergibt sich damit eine um 3% größere Öffnung für den Bypass des Massenstroms. Auch wenn der tatsächlich vorbeigeführte Abgasmassenstrom nicht quantifiziert werden kann, ist dies dennoch ein starkes Indiz dafür, dass die ETA-Turbine einen geringeren Abgasmassenstrom benötigt, um die erforderte Verdichterleistung bereitzustellen. Des Weiteren deuten die Wastegate-Klappenstellungen der Referenz und MTM-Variante erneut auf einen gleich großen mittleren Turbinenwirkungsgrad der beiden Varianten hin.

An dieser Stelle soll nochmal auf den generellen Einfluss der Dämpfung hingewiesen werden, der über die strömungsmechanische Kopplung von Motor und ATL hervorgerufen wird und eine gewisse Systemträgheit erzeugt. So zeigen Abb. 8.9 und Abb. 8.11, dass der Ladedruck gegenüber der ATL-Drehzahl mit einer kurzen Verzögerung aufgebaut wird. Beispielhaft wird beim Lastsprung aus 1500 Motorumdrehungen die maximale Drehzahl der ETA- und MTM-Turbine bei $t_{norm} \approx 0{,}72$ erreicht, der maximale Ladedruck aber erst bei $t_{norm} \approx 0{,}8$. Dies spricht für eine möglichst kleine Ausführung der Volumina zwischen dem Brennraum des Motors und dem ATL (Verdichter und Turbine), um eine optimale Motordynamik zu ermöglichen.

8.2 Untersuchungen am Heißgasprüfstand

Im Folgenden werden die Ergebnisse der Messungen am Heißgasprüfstand vorgestellt, mit den Simulationsergebnissen verglichen und diskutiert. Dazu zeigt Abb. 8.12 das gemessene und das simulierte Durchsatzverhalten der drei Turbinen für die untersuchten reduzierten Drehzahlen $n_{red} = 4000, 5000$ und $6000\ min^{-1}K^{-0{,}5}$. Qualitativ werden die Simulationsergebnisse von den Messungen bestätigt. Quantitativ zeigt sich für die Mixed-flow Turbinen (Referenz und MTM) gegenüber der Simulation ein um 1,5 - 2% höheres Niveau des reduzierten Massenstroms. Bei der ETA-Turbine liegen die Schlucklinien von Simulation und Messung in weiten Bereichen aufeinander. Erst bei sehr hohen Massenströmen je Drehzahllinie ergeben sich Unterschiede, die maximal 1,5% betragen. Letztlich zeigen somit auch die Messungen ein gleich großes Schluckvermögen für die untersuchten Turbinen.

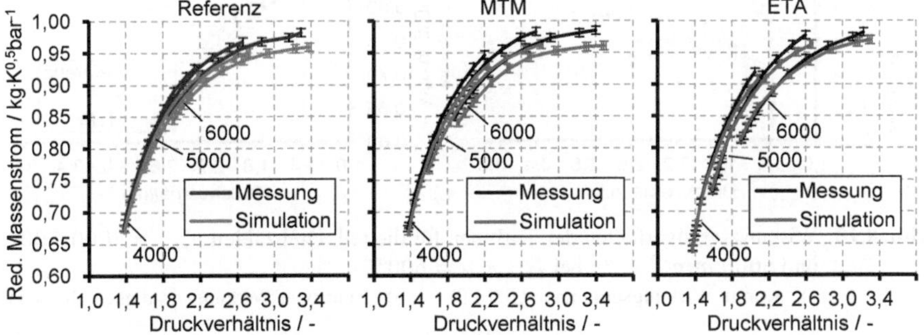

Abb. 8.12: Durchsatzverhalten der Turbinen für die red. Drehzahlen $n_{red} = 4000, 5000$ und $6000\ min^{-1}K^{-0{,}5}$ bei $T_{tot,ein,T} = 600°C$

Die Abweichungen zu den CFD-Simulationen befinden sich weitestgehend im Toleranzbereich der ermittelten Unsicherheiten. Für die beiden Mixed-flow Turbinen ergeben sich jedoch bei höheren Durchsätzen etwas größere Abweichungen, sodass die Kennlinien außerhalb der ermittelten Fehlerbalken liegen. Wie in Abschn. 4.2 bereits beschrieben, gibt es schwer zu quantifizierende Einflüsse, die nicht in die Fehlerbetrachtung einfließen und diesen Unterschied erklären können. Zur generellen Einordnung der Übereinstimmungsgüte zwischen Simulation und Messung sei abschließend auf Abb. A.20 verwiesen. Dort werden die Ergebnisse der Referenzturbine aus Abb. 8.12 mit den Validierungsergebnissen aus Abschn. 4.3 verglichen. Diese Darstellung lässt Rückschlüsse auf die jeweilige Reproduzierbarkeit zu. Während die Simulationsergebnisse beider CFD-Modelle erwartungsgemäß innerhalb der Fehlertoleranz liegen, ergibt sich ein relativer Unterschied von ca. 5% im Durchsatzverhalten zwischen den drei Jahre auseinanderliegenden Messungen. Für die Ergebnisqualität der CFD-Simulationen spricht, dass sich deren Resultate etwa in der Mitte zwischen den Ergebnissen der beiden Messungen befinden.

Zur weiteren Validierung wird in Abb. 8.13 der mechanisch-kombinierte Turbinenwirkungsgrad $\eta_{s,T} \cdot \eta_{m,ATL}$ der Messung mit dem isentropen Turbinenwirkungsgrad $\eta_{s,T}$ der CFD-Simulation verglichen. Es zeigen sich sehr gute Übereinstimmungen bezüglich der Wirkungsgraddifferenz der einzelnen Turbinen zwischen Messung und Simulation für die reduzierte Drehzahl $n_{red} = 4000\ min^{-1}K^{-0,5}$. Ausgehend hiervon ergibt sich für die Referenzturbine bei den zwei anderen Drehzahlen zudem ein konsistenter Anstieg des Wirkungsgradniveaus von der Messung zur CFD-Simulation. Dieses Verhalten wird jedoch von den Messergebnissen der ETA- und MTM-Turbine nur bedingt wiedergegeben.

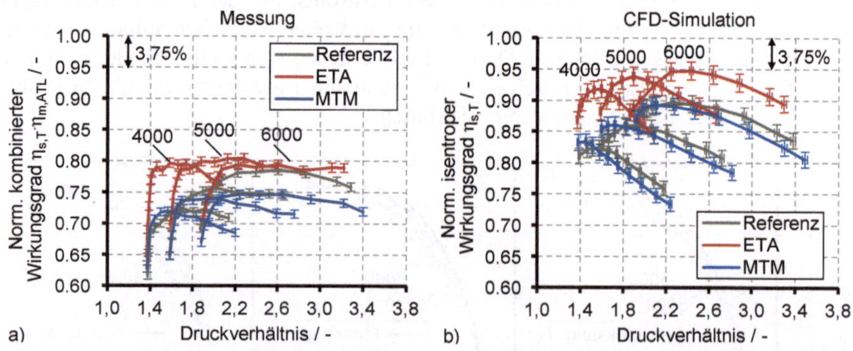

Abb. 8.13: Wirkungsgradverhalten der Turbinen für die red. Drehzahlen $n_{red} = 4000, 5000$ und $6000\ min^{-1}K^{-0,5}$ bei $T_{tot,ein,T} = 600°C$

a) Komb. Wirkungsgrad nach Gl. (4.9) b) Isentroper Wirkungsgrad nach Gl. (4.8)

Das Niveau der gemessenen Wirkungsgradverläufe $\eta_{s,T} \cdot \eta_{m,ATL}$ für die zwei höheren Drehzahlen liegt etwas unter den Erwartungen, die sich aus einem Vergleich mit dem isentropen Wirkungsgrad $\eta_{s,T}$ der CFD-Simulation ergeben. Die mittlere Wirkungsgradabweichung zum erwarteten Wert beträgt für beide Turbinen ca. einen Prozentpunkt bei einer reduzierten Drehzahl n_{red} von $5000\ min^{-1}K^{-0,5}$ und ca. zwei Prozentpunkte bei $6000\ min^{-1}K^{-0,5}$. Da für die Referenzturbine eine sehr gute qualitative Übereinstimmung des Wirkungsgradverhaltens erzielt wird und im Vorfeld eine Modellvalidierung und Fehlerbetrachtung durchgeführt wurde, kann ein systematischer drehzahlabhängiger Modellierungsfehler bei der CFD-Simulation mit hoher Wahrscheinlichkeit ausgeschlossen werden. Auf Seiten der Messung erfolgt die Bestimmung des mechanisch-kombinierten Turbinenwirkungsgrades $\eta_{s,T} \cdot \eta_{m,ATL}$ indirekt über die Berechnung der Verdichterleistung nach Gl.(4.9) und Gl. (4.10). Der Einfluss von Wärmeströmen auf die Berechnung der Verdichterleistung ist zwar nicht unerheblich, aber eine größere Bedeutung wird dieser Fehlerquelle eher im ATL-Betrieb bei niedrigen Drehzahlen und Massenströmen zugeschrieben (Schwarz und Andrews 2014).

Als weiterer Unsicherheitsfaktor verbleibt der Einfluss der Rotorlagerung auf den mechanischen Wirkungsgrad $\eta_{m,ATL}$ zur Erklärung der Unterschiede. Zwar wurde für jeden Turbolader die gleiche Gleitlagerung verwendet, dennoch können Toleranzeinflüsse bei der Prototypenfertigung der Turbinenwellen unterschiedliche Lagerspiele beim Zusammenbau der Rumpfgruppen zur Folge haben. Des Weiteren ist zu erwähnen, dass die optimierten Turbinenräder im Vergleich zur Referenz eine geringere Masse aufweisen ($\Delta m_{MTM} = -25{,}7\%$, $\Delta m_{\mathrm{ETA}} = -22{,}9\%$). In Verbindung mit der jeweiligen axialen Positionierung verlagert sich demnach auch der Schwerpunkt des Rotors, was eine Beeinflussung der Wellenbahn im hydrodynamischen Gleitlager zur Folge hat. Im Zusammenspiel mit auftretenden Unwuchten kann dies einen starken Einfluss auf die jeweilige Rotordynamik nehmen (Klaus et al. 2013). Eine im Vergleich zur Referenzturbine größere Zunahme der Reibleistung im Lager der optimierten Turbinen in Abhängigkeit der Drehzahl und eine damit verbundene Wirkungsgradabnahme wären auf diese Weise erklärbar. Die Ergebnisse aus den vorangegangenen Messungen am Motorprüfstand können diese These jedoch nicht unterstützen. Hier zeigten die beiden optimierten Turbinen auch bei sehr hohen ATL-Drehzahlen ein mit den CFD-Ergebnissen konformes Wirkungsgradverhalten im Vergleich zur Referenzturbine.

Aufgrund dieser Tatsache wird die Hypothese aufgestellt, dass sich das rotordynamische Verhalten der optimierten Turbinen zwischen der ersten Betriebszeit am Motorprüfstand und dem nachfolgenden Betrieb am Heißgasprüfstand verschlechtert hat. Es ist ebenfalls denkbar, dass sich die Rotordynamik bei einer pulsierenden Beaufschlagung der Turbinen durch den Motor anders verhält als bei einer gleichmäßigen Beaufschlagung der Turbinen, wie es am Heißgasprüfstand der Fall ist. Um die aufgestellten Hypothesen abschließend beweisen zu können, sind umfangreiche rotordynamische Untersuchungen notwendig, die im Rahmen dieser Arbeit nicht geleistet werden können.

Die Unstimmigkeiten zwischen den Ergebnissen der CFD-Simulation und denen vom Heißgasprüfstand wurden aufgezeigt und mögliche Gründe hierfür diskutiert. Dennoch werden unter Berücksichtigung dieser Einschränkungen die wesentlichen Aussagen der numerischen Strömungssimulationen messtechnisch bestätigt.

9 Schlussfolgerungen und Ausblick

Schlussfolgerungen

Die These dieser Arbeit, eine Verbesserung der Leistungscharakteristik des Motors über ein CFD-basiertes Verfahren zur Optimierung von ATL-Turbinen zu erreichen, wird bestätigt. Die Simulationsergebnisse der numerisch optimierten Turbinen werden am Motorprüfstand verifiziert und mit Einschränkungen auch durch Messungen am Heißgasprüfstand bestätigt. Es wird gezeigt, dass sich die verwendete Optimierungsmethode mit dem hohen Parametrisierungs- und Modellierungsaufwand der gesamten Turbinenstufe als zielführend erweist. Durch die große Variabilität des Laufradmodells und der entsprechenden Anpassung von Volute und Abströmgehäuse wird in dieser Form erstmals eine umfangreiche Bewertung verschiedener Turbinentypen von Radial- bis hin zu Axialturbinen für einen Verbrennungsmotor ermöglicht.

Weiterhin wird die These bestätigt, dass auf eine im Optimierungsprozess eingebundene Festigkeitsberechnung verzichtet werden kann, da bereits eine Berücksichtigung von Festigkeitsaspekten in dem parametrisierten Aufbau des Turbinenradmodells erfolgt. Darüber hinaus fließen Fertigungsaspekte, wie die gusstechnische Entformbarkeit, in die Konstruktionsweise mit ein. Erfüllt werden diese Randbedingungen durch die in dieser Arbeit beschriebene Verwendung von dimensionslosen Faktoren, welche die relative Position in ihren jeweils zulässigen und abhängig formulierten, dynamischen Definitionsgrenzen angeben (siehe Abschn. 5.1). Den größten Einfluss nehmen dabei der Kegelwinkel λ_{LE}, die Form der Nabenkontur und des sich ergebenen Schaufelprofils an der Nabe. Durch diesen Ansatz werden die geometrischen Freiheiten eines Designs automatisch angepasst, wodurch ermöglicht wird, in demselben Berechnungsplan sowohl Radial- als auch Axialturbinen sinnvoll zu erzeugen und zu berechnen. Neben unnötigen Simulationen von nicht realisierbaren Varianten werden somit auch die im Nachhinein notwendigen Korrekturmaßnahmen an einer optimierten Geometrie vermieden. Letzteres birgt immer die Gefahr, dass ein erheblicher Anteil des Optimierungsgewinns wieder eingebüßt wird. Diese ansonsten übliche Iterationsschleife wird in der vorliegenden Arbeit vermieden.

Die folgenden Aussagen erheben Anspruch auf Gültigkeit für die in dieser Arbeit vorliegenden Randbedingungen. Zu nennen ist hier insbesondere die Anwendung auf einen Ottomotor mit 1,4 Litern Hubraum sowie der von der Volute vorgegebene mittlere Anströmwinkel von $\bar{\alpha} \approx 72°$ und das Verhältnis von Verdichteraustrittsdurchmesser zu maximalem Turbineneintrittsdurchmesser, welcher für den Referenz-Turbolader $D_{V,aus}/D_{T,ein} \approx 7/6$ beträgt. Da mit größerem Verdichteraustrittsdurchmesser das Drehzahlniveau des ATL tendenziell sinkt (und umgekehrt), wirkt sich dies direkt auf das Design der Turbine aus. Das Niveau der Umfangsgeschwindigkeiten von Turbinenein- und austritt wird dadurch beeinflusst und somit auch die optimale Gestaltung der Schaufelwinkel. Eine Übertragung der folgenden Aussagen auf Anwendungen mit deutlich abweichenden Randbedingungen sollte kritisch geprüft werden.

Die statistische Auswertung der virtuellen Turbinenraddesigns zeigt, dass es einen allgemeinen Zielkonflikt zwischen einem hohen Wirkungsgrad und einem geringen Massenträgheitsmoment gibt. Radialturbinen weisen im Vergleich zu Axial- und Mixed-flow Turbinen tendenziell die höchsten Wirkungsgrade auf. Die Möglichkeit der Inzidenzreduzierung durch eine rückwärtsgekrümmte Schaufelvorderkante, wie sie z.B. bei Mixed-flow Turbinen ausführbar ist, kann den Wirkungsgradverlust nicht kompensieren, der mit der Reduzierung des Eintrittsdurchmessers einhergeht. Es konnte gezeigt werden, dass der Grund hierfür in der verringerten Fähigkeit des Fluids liegt, am Turbinenradeintritt Arbeit zu verrichten (siehe Abschn. 7.3). Diese Schlussfolgerung ist prinzipiell auf den gesamten untersuchten Betriebsbereich der betrachteten Turbinen übertragbar. Aufgrund der großen Datenbasis an untersuchten Turbinenraddesigns lässt sich für den gewählten Parameterbereich (siehe Tab. A.5) auch eine Allgemeingültigkeit dieser These ableiten.

Die zwei aus der Optimierung resultierenden Turbinen zeigen ein gleich großes Schluckvermögen wie die Referenz, wobei die wirkungsgradoptimierte Turbine radialer Bauart in Betriebspunkten hoher Drehzahl und geringen Massenströmen ein etwas stärkeres Aufstauverhalten aufweist als die Referenz bzw. die massenträgheitsoptimierte Variante vom Typ einer Mixed-flow Turbine. Dies lässt sich mit einem zunehmenden Einfluss der Zentrifugalkräfte in der Schaufelpassage erklären, die dem Fluid in der meridionalen Strömungsrichtung in einer Radialturbine vergleichsweise stärker entgegenwirken. Ein deutliches, inhärent vermindertes Schluckvermögen gegenüber den Mixed-flow Turbinen, wie es in der Literatur des Öfteren kommuniziert wird, kann im vorliegenden Fall des wirkungsgradoptimierten Turbinenrades radialer Bauform allerdings nicht festgestellt werden. Für die gegebene Anwendung erweist sich eine Schaufelanzahl von $N_B = 8$ als optimal. In diesem Punkt unterscheiden sich sowohl die Referenz als auch die optimierten Turbinen nicht.

Die wirkungsgradoptimierte Turbine weist für einen weiten Kennfeldbereich einen um ca. 5% höheren isentropen Wirkungsgrad im Vergleich zur Referenz auf. Diese Steigerung resultiert in erster Linie aus einem größeren Potenzial der Strömung, am Turbineneintritt Arbeit zu verrichten, was durch die Vergrößerung des mittleren Eintrittsdurchmessers hervorgerufen wird. Damit geht eine Zunahme des Massenträgheitsmoments einher, die durch eine Verkürzung der Turbine in axialer Richtung sowie über eine Reduzierung des mittleren Austrittsdurchmessers kompensiert wird. Die daraus resultierende Verkleinerung des engsten Strömungsquerschnitts im Turbinenrad wird durch die Form der optimierten Schaufelprofile ausgeglichen. Eine vereinfachte Definition dieser Profilform stellt der bezogene Düsenquerschnitt o/s dar, wobei sich bei 50% und 90% relativer Schaufelhöhe ein Verhältnis von $o/s \approx 2/3$ für die gesamtheitliche Betrachtung der Zielgrößen und den gegebenen Randbedingungen als optimal ergibt. Die Abströmung der Turbine erhält durch diesen vergleichsweise großen bezogenen Düsenquerschnitt eine höhere Axialkomponente. Gleichzeitig wird dadurch, für den Fall eines Gegendralls in der Abströmung, die Umfangskomponente reduziert. Dies wirkt sich stromab der Turbine positiv auf den Druckrückgewinn aus, was eine Druckabsenkung hinter dem Turbinenrad zur Folge hat und somit ein größeres isentropes Enthalpiegefälle realisiert wird. Es stellt sich heraus, dass bei einem Abströmwinkel an der Nabe von $\alpha_{aus} \approx -25°$ der Druckrückgewinn maximal wird (siehe Abschn. 7.1). Nimmt der Betrag des Abströmwinkels weiter zu, kommt es zu einem starken Einbruch der wirksamen Diffusion. Dieser Bereich konnte durch die Gestaltung der Austrittsgeometrie der optimierten Turbinenräder deutlich reduziert werden.

Ein bezogener Düsenquerschnitt von $o/s \approx 2/3$ stellt sich ebenfalls bei den Schaufelprofilen der massenträgheitsoptimierten Turbine ein. Auch hier wird dadurch eine Verkleinerung des Austrittsdurchmessers ermöglicht, ohne das Schluckvermögen zu verringern. Dieses wird wiederum zu einer Reduzierung des Massenträgheitsmoments genutzt. In diesem Zusammenhang ergibt sich ein weiteres markantes geometrisches Verhältnis, welches von den Durchmessern am Austritt der optimierten Turbinen gebildet wird. Für beide Varianten stellt sich ein optimaler Wert von $D_{Nabe,aus}/D_{Gehäuse,aus} \approx 1/3$ ein. Da sich die Eintrittsgeometrie der massenträgheitsoptimierten Turbine nur geringfügig von der Referenz unterscheidet, sind ähnliche isentrope Wirkungsgrade darstellbar. Das um 38% verringerte Massenträgheitsmoment des Turbinenrades führt in der vorliegenden Konfiguration mit dem verwendeten Verdichterrad und der Welle zu einer signifikanten Reduzierung der gesamten Massenträgheit des ATL-Rotors um 26%.

Die Kombination der beiden geometrischen Verhältnisse $o/s \approx 2/3$ und $D_{Nabe,aus}/D_{Gehäuse,aus} \approx 1/3$ stellt in erster Linie ein Optimum hinsichtlich eines möglichst großen Verhältnisses des Turbinenschluckvermögens zum Massenträgheitsmoment $\dot{m}_{red}/J_T$ dar. Zudem werden die Verluste in der Abströmung minimiert, wodurch der Turbinenwirkungsgrad positiv beeinflusst wird. Die in dieser Arbeit erstmals vorgeschlagenen geometrischen Verhältnisse sind Resultate der vorliegenden strömungsmechanischen Randbedingungen. Bei einer Übertragung auf weitere Anwendungen und abhängig vom Optimierungsschwerpunkt können die Verhältnisse durchaus andere optimale Werte annehmen. In jedem Fall können sie als guter Startpunkt einer ersten Vorauslegung für ATL-Turbinen herangezogen werden.

Die Turbinenleistung der massenträgheitsoptimierten Variante entspricht in etwa der Referenzturbine, was durch die Messungen im stationären Motorbetrieb bestätigt wird. Die Vorteile dieser Turbine zeigen sich im transienten Motorbetrieb. Abhängig von der Motordrehzahl wird gezeigt, dass durch die Reduzierung der Massenträgheit um 26% die Ansprechzeit bei einem Lastsprung zum Erreichen von 90% des Endmoments um bis zu 15% reduziert werden kann. Dies ist darauf zurückzuführen, dass weniger Energie für die Selbstbeschleunigung des Laufzeugs aufgewendet werden muss und daher ein schnelleres Hochlaufverhalten des ATL ermöglicht wird. Mit der wirkungsgradoptimierten Turbine wird aufgrund ihrer gesteigerten Leistungsabgabe eine ähnliche Verbesserung der ATL-Dynamik in jenem Motordrehzahlbereich erreicht, in dem der maximale effektive Mitteldruck noch nicht erreicht wird und das Wastegate komplett geschlossen ist. Der mittlere Leistungsüberschuss aufgrund des um ca. 8% (relativ) gesteigerten Wirkungsgrads kompensiert hier den im Vergleich zur massenträgheitsoptimierten Turbine größeren Energiebedarf zur Selbstbeschleunigung. Die Steigerung des Turbinenwirkungsgrads äußert sich zudem vor dem Erreichen des Eckmoments in einer Anhebung des maximalen Motormoments um ca. 11%, was die Durchzugskraft des Motors bei niedrigen Drehzahlen entsprechend verbessert. Die Messergebnisse zeigen hiermit, dass die Anhebung des Motormoments in einem überproportionalen Verhältnis zu der Steigerung des Turbinenwirkungsgrads bzw. der Turbinenleistung steht.

Zum dynamischen Motorverhalten zeigt eine Parameterstudie auf Basis einer 1D-Ladungswechselsimulation bei $1500\,min^{-1}$, dass eine relative Anhebung des Turbinenwirkungsgrads um 1% den gleichen Effekt auf den Drehmomentgradienten des untersuchten Motors hat, wie eine relative Reduzierung des gesamten Massenträgheitsmoments um 3,5%. Die ergänzend durchgeführten Motorlastsprünge mit den Prototypen bestätigen diesen generellen Zusammenhang (siehe Abschn. 6.1 und 8.1.2). Die massenträgheits- und die wirkungsgradoptimierten Turbinen führen zu einem ähnlichen Gradienten beim Aufbau des Motormoments. Die Auswertung weiterer Lastsprünge bei höheren Motordrehzahlen zeigt zudem, dass sich der Einfluss des Turbinenwirkungsgrades auf die Motordynamik in etwa halbiert, wenn hierdurch das Endmoment des Motors nicht weiter vergrößert wird. Durch diese neuen Erkenntnisse lässt sich zukünftig eine optimale Motordynamik während der frühen Turboladerentwicklung im Spannungsfeld „Turbinenwirkungsgrad gegen Massenträgheitsmoment" erreichen.

Aus den Simulations- und Messergebnissen ergibt sich als Fazit, dass mit einer CFD-basierten Geometrieoptimierung ein signifikanter Beitrag zur Erreichung zukünftiger Ziele bei der Aufladung geleistet werden kann. Diese kann entweder dazu genutzt werden, um auf notwendige Zusatzmaßnahmen bei der Aufladung, wie z. B. die elektrische oder mechanische Unterstützung, verzichten zu können oder durch die Kombination dieser Maßnahmen eine weitere Steigerung des Aufladegrades zu ermöglichen.

Ausblick

Da sich das Schluckvermögen der unterschiedlichen Turbinendesigns bei dem verwendeten Optimierungsprozess je nach Kombination der geometrischen Parameter ändert, führt dies unweigerlich zu einer großen Anzahl an virtuellen Experimenten, die sich außerhalb des relevanten Bereichs für die Optimierung befinden. Eine Parametrisierungsstrategie, mit der stets ein vorgegebener engster Querschnitt des Turbinenrades durch eine automatische Anpassung bestimmter Parameter eingehalten wird, verspricht bei ähnlichen Optimierungsproblemen eine erhebliche Reduzierung des simulativen Aufwands. Eine andere Möglichkeit zur Vermeidung einer Betriebspunktverschiebung bestünde in der variablen Vorgabe eines individuellen Anströmungswinkels für jedes erzeugte Turbinenrad, welcher sich während der Simulation dem angestrebten Druckverhältnis anpasst (siehe Roclawski et al. 2012). Die dazu passende

Geometrie der Volute wird dann erst nach der Optimierung des Turbinenrades erzeugt. So ist es möglich, für jedes Turbinenrad die optimalen Randbedingungen zu erzeugen. Dieses Vorgehen beinhaltet allerdings auch größere Unsicherheiten für die Bewertung des Gesamtwirkungsgrads der Turbinenstufe sowie mögliche Abweichungen bei der Umsetzung der vereinfacht vorgegebenen Anströmung.

Weiteres Optimierungspotenzial zur Verbesserung des Motoransprechverhaltens bieten neue Turbinenwerkstoffe, wie beispielsweise Titanaluminid oder keramische Werkstoffe, die im Vergleich zu einer nickelbasierten Stahllegierung über eine deutlich geringere Dichte verfügen. Die damit verbundene Reduzierung des Massenträgheitsmoments hat direkte Konsequenzen für das optimale Design eines Turbinenrades, welches aus einem Optimierungsprozess hervorgeht.

Abschließend soll für zukünftige ATL-Optimierungen die Bedeutung der gesamtheitlichen Betrachtung bei der Entwicklung von Antriebskonzepten unterstrichen werden. So sollte bei der optimalen Auslegung einer ATL-Turbine das verwendete Getriebe im Antriebstrang verstärkt berücksichtigt werden, da das ATL-Hochlaufverhalten insbesondere von der Motordrehzahl abhängt. Bei kurzer Schaltverzögerung eines Automatikgetriebes kann die Turbine auf ein größeres Schluckvermögen mit größerem Massenträgheitsmoment ausgelegt werden, während z.B. für ein Downspeeding-Motorkonzept mit manuellem Getriebe, insbesondere ein hoher Turbinenwirkungsgrad von vergleichsweise großer Bedeutung ist.

10 Literaturverzeichnis

Adam, M. (2012): Vorlesungsskript „Statistische Versuchsplanung und Auswertung", Masterstudiengang „Simulation und Experimentaltechnik", Fachhochschule Düsseldorf, Düsseldorf, 2012

ANSYS, Inc. (2013): ANSYS CFX Modeling Guide, Release 15.0, 2013

Baines, N. C.; Wallace, F. J.; Whitfield, A. (1979): Computer Aided Design of Mixed Flow Turbines for Turbochargers, ASME J. Eng. Power, 101, pp. 440-448, 1979

Barr, L.; Spence, S. W. T.; McNally, T. (2006): A Numerical Study of the Performance Characteristics of a Radial Turbine with Varying Inlet Blade Angle, 8th international conference on turbochargers and turbocharging, 2006

Bauer, R.; Honeder, J.; Neuhauser, W.; Oppenauer, K. (2011): Ladungswechsel und Aufladung: Schlüssel zur gesteigerten Anfahrdynamik beim neuen BMW 6-Zylinder Dieselmotor, 16. Aufladetechnische Konferenz, Dresden, 2011

Bauer, K-H.; Balis, C.; Donkin, G.; Davies, P. (2012): Die nächste Generation der Otto-Motoren Turboladertechnologie, 33. Internationales Wiener Motorensymposium, 2012

Box, M.J.; Draper, N.R. (1971): Factorial designs, the $|x^t x|$ criterion, and some related matters. Technometrics, Vol.13, 731 – 742, ASQC and the American Statistical Association, Milwaukee, Wisconsin, 1971

Box, G.E.P.; Draper, N.R. (1987): Empirical Model Building and Response Surfaces, John Wiley and Sons, New York, 1987

Bucher, C. (2007): Basic concepts for robustness evaluation using stochastic analysis, Efficient Methods for Robust Design and Optimisation – EUROMECH Colloquium London, 2007

Cox, G. D.; Fischer, C.; Casey, M. V. (2010): The application of throughflow optimization to the design of radial and mixed flow turbines, 9th Conference on Turbochargers and Turbocharging, Institution of Mechanical Engineers, Combustion Engines and Fuels group, London, UK, 2010

Dynardo GmbH (2013): OptiSLang – The optimizing structural language, optiSLang Documentation, Version 3.2.3 nightly, Weimar, 2013

Ferziger, J. H.; Peric, M. (2008): Numerische Strömungsmechanik, Springer-Verlag, Berlin Heidelberg, 2008

Fredriksson, C.; Baines, N. (2010): The mixed flow forward swept turbine for next generation turbocharged downsized automotive engines, ASME Turbo Expo 2010: Power for Land, Sea and Air, GT2010-23366, Glasgow, UK, 2010

Freisinger, N.; Friedrich, J.; Karl, G.; Koch, H. (2010): Zweistufige Turboaufladung an einem 4-Zylinder Ottomotor, 15. Aufladetechnische Konferenz, Dresden, 2010

Gödeke, H.; Prevedel, K. (2013): Realisierung eines Hybrid-Turboladers, Einsatz neuester Elektromotorentechnik im Turbolader, 18. Aufladetechnische Konferenz, Dresden, 2013

Golloch, R. (2005): Downsizing bei Verbrennungsmotoren – Ein wirkungsvolles Konzept zur Kraftstoffverbrauchssenkung, Springer-Verlag, Berlin, Heidelberg, 2005

Gugau, M; Klein, A. (2007): Turbinenradentwicklung für VTG-Anwendungen, 12. Aufladetechnische Konferenz, Dresden, 2007

Hakeem, I. (1995): Steady and Unsteady Performance of Mixed Flow Turbines for Automotive Turbochargers, Dissertation, Imperial College of Science, Technology and Medicine, London, 1995

Heikel, C.; Becker, U. (2012): Pkw-Antriebe im Überblick – Vergangenheit, Gegenwart und Zukunft, „http://www.springerprofessional.de/pkw-antriebe-im-ueberblick---vergangen heit-gegenwart-und-zukunft/3678428.html“, zugegriffen am 06.12.13

Heuer, T.; Engels, B.; Heger, H.; Klein, A. (2006): Thermomechanical analysis of a turbo charger turbine wheel based on CHT-calculations and measurements, 8th International Conference on Turbochargers and Turbocharging, London, 2006

Heuer, ,T.; Gugau, M.; Klein, A.; Anschel, P. (2008): An Analytical Approach to Support High Cycle Fatique Validation for Turbocharger Turbine Stages, Proceedings of ASME Turbo Expo, GT2008-50764, Berlin, Germany, 2008

Hiereth, H.; Prenninger, P: (2007): Charging the Internal Combustion Engine, Springer Verlag, Wien, 2007

Hildebrandt, T.; Gresser, L.; Sievert, M. (2011): Kennfeldverbreiterung eines Radialverdichters für Abgasturbolader durch multidisziplinäre CFD-FEM-Optimierung mit Fine™/Turbo, 16. Aufladetechnische Konferenz, Dresden, 2011

Karamanis, N.; Martinez-Botas, R. F. (2002): Mixed-flow turbines for automotive turbochargers: Steady and unsteady performance, International Journal of Engine Research, Sage Publications on behalf of Institution of Mechanical Engineers, 2002

Klaus, M.; Koch, A.; Strohschein, D.; Tuzcu, S. (2013): Analyse der hydrodynamischen Gleitlagerung von Abgasturboladern, SIRM – 10. Internationale Tagung Schwingungen in rotierenden Maschinen, Berlin, 2013

Königstedt, J.; Aßmann, M.; Brinkmann, C.; Eiser, A.; Grob, A.; Jablonski, J.; Müller, R. (2012): Die neuen 4,0l-V8-TFSI-Motoren von Audi, 33. Internationales Wiener Motorensymposium, 2012

Kratzer Automation (2008): PAtools TX - Software-Projektierung, Berechnung der Leistungskennwerte an Abgasturbolader-Prüfständen. Version 2.0, 2008

Kuhlbach, K.; Brinkmann, F.; Bartsch, G.; Weber, C.; Do, G.; Jeckel, D. (2013): Parallel Sequentielle Doppelturbo-Aufladung ausgeführt am 1,6 L DI Ottomotor, 18. Aufladetechnische Konferenz, Dresden, 2013

Lischer, T.; Schmitt, F.; Heuer, T.; Gugau, M.; Schreiber, G. (2010): Turbinen und Verdichterentwicklung für PKW-R2S-Aufladesysteme, 15. Aufladetechnische Konferenz, Dresden, 2010

Marelli, S.; Capobianco, M. (2011): Steady and pulsating flow efficiency of a waste-gated turbocharger radial flow turbine for automotive application, Energy – The International Journal, Vol. 36, Issue 1, Elsevier Verlag, 2011

Menter, F. R.; Kuntz, M.; Langtry, R. (2003): Ten Years of Industrial Experience with the SST Turbulence Model, Turbulence, Heat and Mass Transfer, Vol. 4, Begell House, Inc., 2003, pp. 625-632

Merker, G.P.; Schwarz, C. (2009): Grundlagen Verbrennungsmotoren – Simulation der Gemischbildung, Verbrennung, Schadstoffbildung und Aufladung, 4. Auflage, Vieweg&Teubner Verlag, Wiesbaden, 2009

Middendorf, H.; Krebs, R.; Szengel, R.; Pott, E.; Fleiß, M.; Hagelstein, D. (2005): Der weltweit erste doppeltaufgeladene Otto-Direkt-Einspritzmotor von Volkswagen, 14. Aachener Kolloquium Fahrzeug- und Motorentechnik, Aachen, 2005

Most, T.; Bucher, C. G. (2005): A moving least squares weighting function for the elementfree galerkin method which almost fulfills essential boundary conditions, Structural Engineering and Mechanics, 21(3):315 – 332, 2005

Most, T.; Will, J. (2010): Recent advances in Meta-model of Optimal Prognosis, Optimization and Stochastic Days 7.0 – Weimar, 2010

Moustapha, H.; Zelesky, M. F.; Baines, N. C.; Japikse, D. (2003): Axial and Radial Turbines, Concepts NREC, Vermont, 2003

Myers, R.H.; Montgomery, D.C. (1995): Response Surface Methodology - Process and Product Optimization Using Designed Experiments, John Wiley & Sons, Inc., New York, 1995

Palfreyman, D.; Martinez-Botas, R. F. (2005): The Pulsating Flow Field in a Mixed Flow Turbocharger Turbine: An Experimental and Computational Study, ASME Turbo Expo 2005: Power for Land, Sea and Air, Reno-Tahoe, Nevada, 2005

Pierret, S.; Van den Braembussche, R. A. (1998): Turbomachinery Blade Design Using a Navier-Stokes Solver and Artificial Neural Network, RTO AVT Symposium on "Design Principles and Methods for Aircraft Gas Turbine Engines", Toulouse, France, 1998

Pierret, S. (2005): Multi-objective and Multi-Disciplinary Optimization of Three-dimensional Turbomachinery Blades, 6th World Congress of Structural and Multidisciplinary Optimization, Rio de Janeiro, Brasil, 2005

Rechenberg, I. (1973): Evolutionsstrategie: Optimierung technischer Systeme nach Prinzipien der biologischen Evolution, Frommann-Holzboog, Stuttgart, 1973

Roclawski, H.; Böhle, M.; Gugau, M. (2012): Multidisciplinary Design Optimization of a Mixed Flow Turbine Wheel, ASME Turbo Expo, GT2012-68233, Copenhagen, Denmark, 2012

Rohlik, H. E. (1968): Analytical Determination of Radial Inflow Turbine Design Geometry for maximum Efficiency, NASA Technical Note D-4384, National Aeronautics and Space Administration, Washington, D. C., 1968

Roos, D.; Most, T.; Unger, J. F.; Will, J. (2007): Advanced surrogate models within the robustness evaluation, Weimar Optimization and Stochastic Days 4.0, Weimar, Germany, 2007

Rotta, J. C. (2010): Turbulente Strömungen, Band 8 in der Reihe „Göttinger Klassiker der Strömungsmechanik“ , Universitätsverlag Göttingen, 2010

Schlichting, H.; Gersten, K. (2006): Grenzschicht-Theorie, 10. Auflage, Springer-Verlag, Berlin Heidelberg, 2006

Schneider, D.; Ochsenfahrt, D.; Blum, S. (2010): Benchmark of Nature – inspired Optimization in fields of single and multiobjective scopes, Weimar Optimization and Stochastic Days 7.0, Weimar, 2010

Schwarz, J. B; Andrews, D.N. (2014): Considerations for gas stand measurement of turbocharger performance, 11th International Conference on Turbochargers and Turbocharging, London, 2014

Spinner, G.; Weiske, S.; Münz, S. (2013): BorgWarner's eBOOSTER – the new generation of electric assisted boosting, 18. Aufladetechnische Konferenz, Dresden, 2013

Spurk, J. H.; Aksel, N. (2006): Strömungslehre, 6. Auflage, Springer-Verlag, Berlin Heidelberg New York, 2006

Van den Braembussche, R. A. (2006): Optimization of Radial Impeller Geometry, Design and Analysis of High Speed Pumps, Educational Notes RTO-EN-AVT-143, Paper 13, Neuilly-sur-Seine, France, 2006

Verstraete, T. (2010): CADO: a Computer Aided Design and Optimization Tool for Turbomachinery Applications, 2nd International Conference on Engineering Optimization, Lisbon, Portugal, 2010

Whitfield, A.; Baines, N.C. (1990): Design of Radial Turbomachines, Longman, Scientific & Technical, 1990

WIKA (2011): Druckmessumformer für Präzisionsmessungen, Typ P-30, Datenblatt PE 81.54, Alexander Wiegand SE & Co. KG, 2011

Zapf, H.; Pucher, H. (1977): Abgasenergie-Transport und Nutzung für Stoß- und Stauaufladung, HANSA-Schiffahrt-Schiffbau-Hafen, 114. Jahrgang, Nr. 14, Schiffahrt Verlag „Hansa" C. Schroedter & Co. Hamburg, 1977

Zellbeck, H.; Friedrich, J.; Berger, C. (1999): Die elektrisch unterstützte Abgasturboaufladung als neues Aufladekonzept, Motortechnische Zeitschrift, Nr. 60, Ausgabe 06, Vieweg Verlag, Wiesbaden, 1999

11 Anhang

A.1 Abbildungen

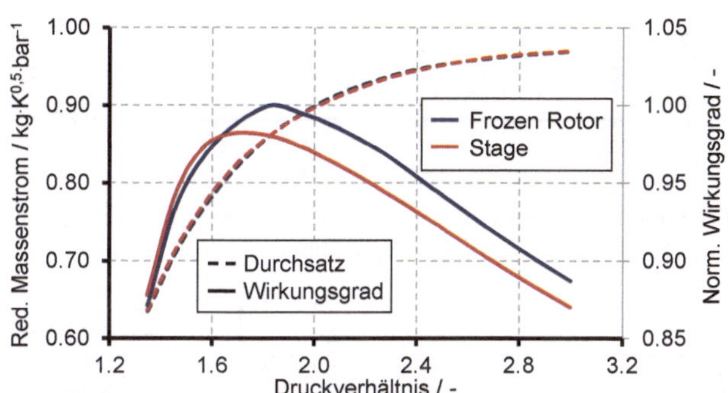

Abb. A.1: CFD-Simulation einer Drehzahllinie ($n_{red} = 5000\ min^{-1}K^{-0,5}$) unter Verwendung des Frozen Rotor-Vollmodells und des Stage-Interfaces für ein Schaufelsegment

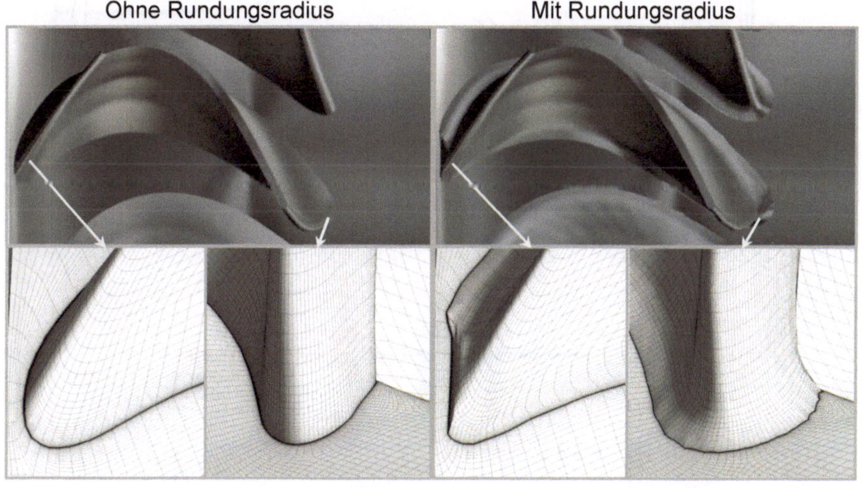

Abb. A.2: Vernetzung des Turbinenrades ohne und mit Schaufelfußverrundung in Turbogrid

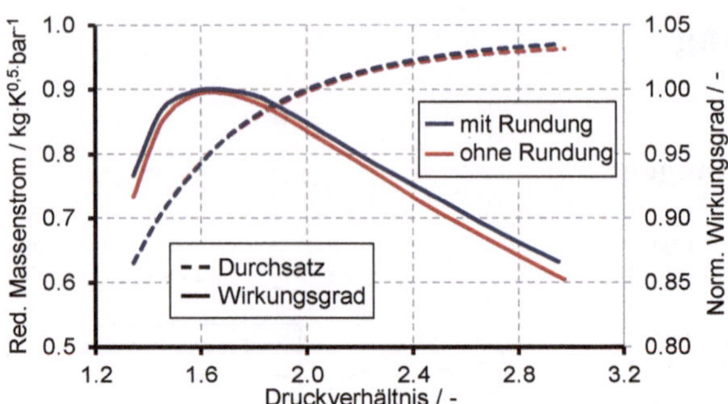

Abb. A.3: CFD-Simulation einer Drehzahllinie (n_{red} = 5000 $min^{-1}K^{-0,5}$) mit und ohne Berücksichtigung der Schaufelfußverrundung

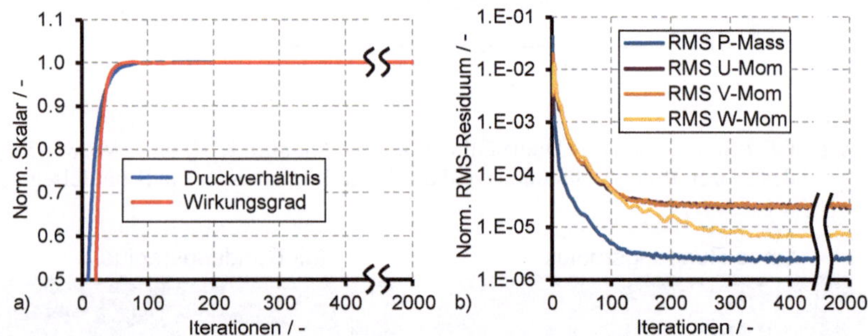

Abb. A.4: Simulationsverläufe zur Abschätzung des Iterationsfehlers in T-BP1
a) Integrale Zielgrößen
b) Root-Mean-Square Residuen für Kontinuiäts- und Impulsgleichungen

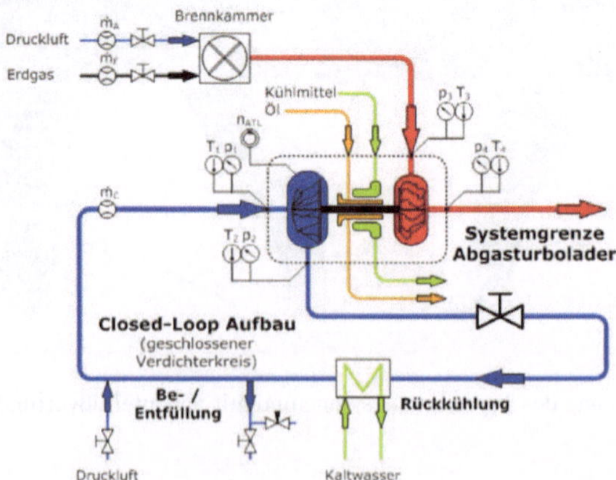

Abb. A.5: Schema des ATL-Heißgasprüfstand mit geschlossenem Verdichterkreislauf (Closed-Loop), (Scheller et al. 2011)

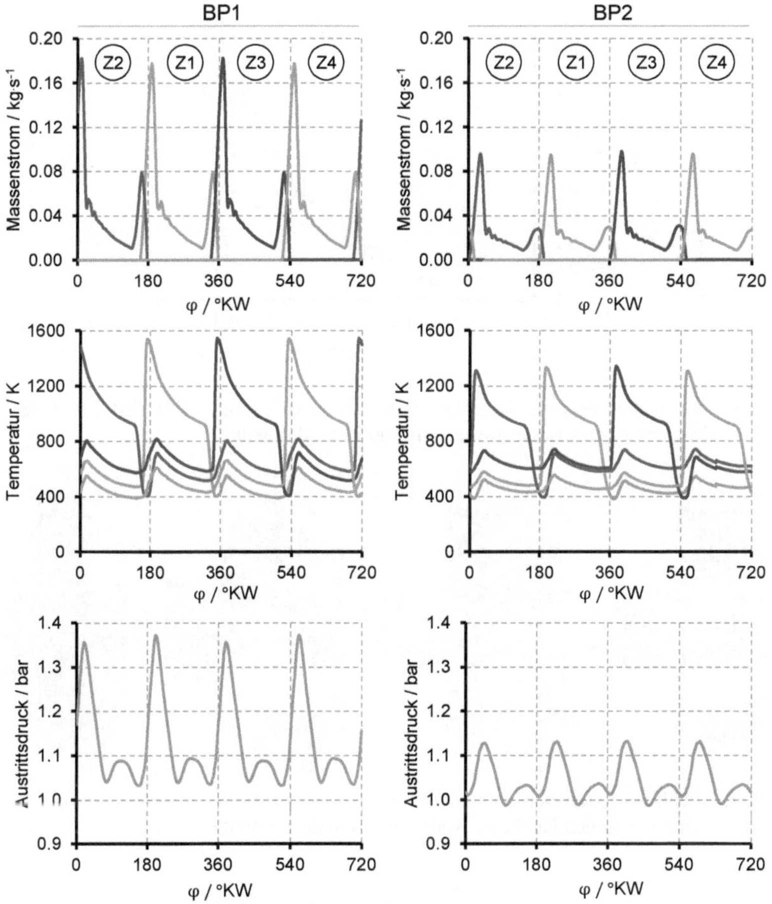

Abb. A.6: 1D-Randbedingungen zur CFD-Simulation von M-BP1 (l) und M-BP2 (r)

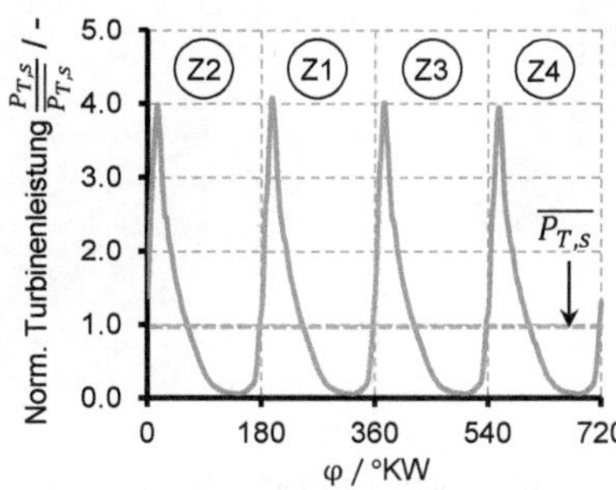

Abb. A.7: Isentrope Turbinenleistung in M-BP1 (normiert auf den zeitlichen Mittelwert)

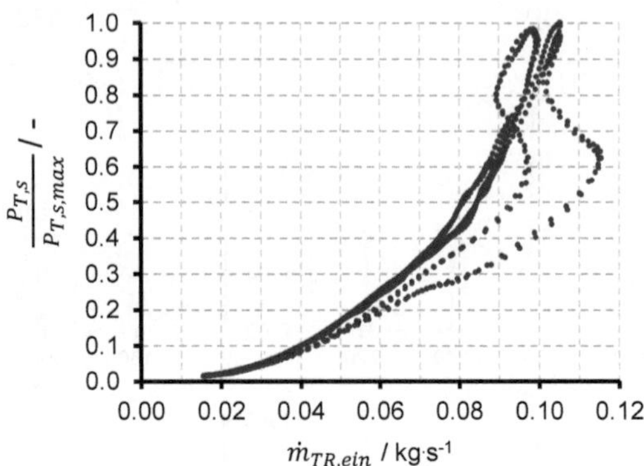

Abb. A.8: Normierte isentrope Turbinenleistung in M-BP1 ($\Delta\varphi = 720°KW$) in Abhängigkeit des Abgasmassenstroms am Turbinenradeintritt

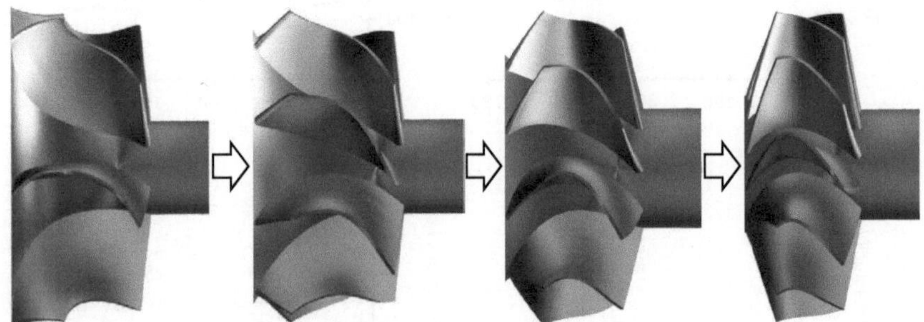

Abb. A.9: Zufällige Parameterkombinationen des parametrisierten Turbinenradmodells Anordnung der Turbinen: Radial→Mixed-flow→Axial

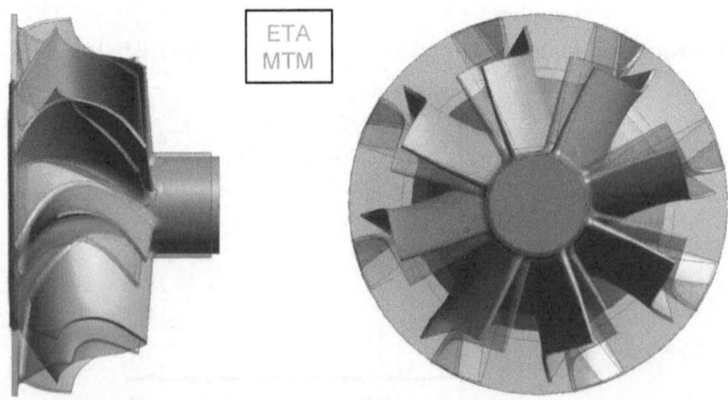

Abb. A.10: Darstellung der geometrischen Unterschiede zwischen der ETA- und der MTM-Turbine in der radialen (l.) und der axialen (r.) Ansicht

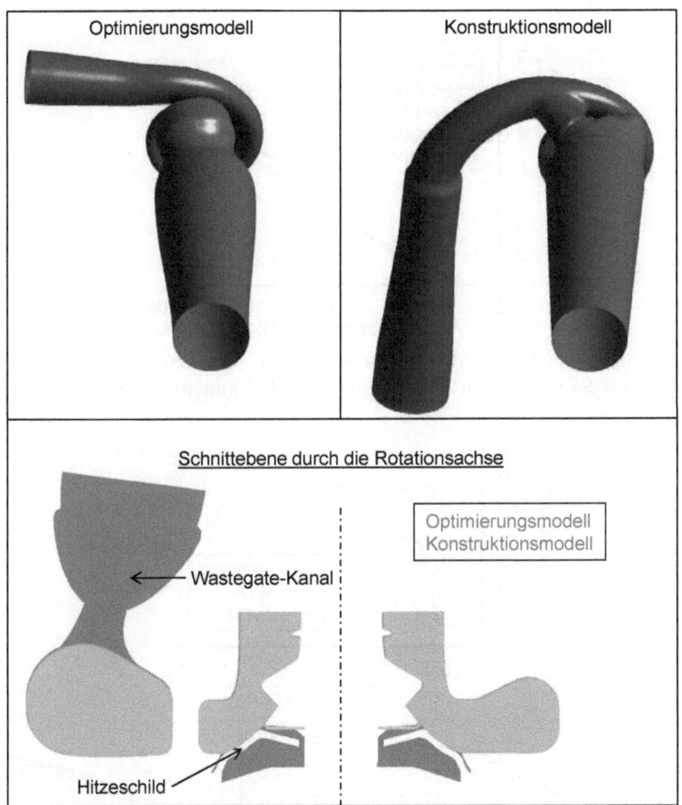

Abb. A.11: Unterschiede des Optimierungsmodells und des Konstruktionsmodells am Beispiel der Referenzturbine

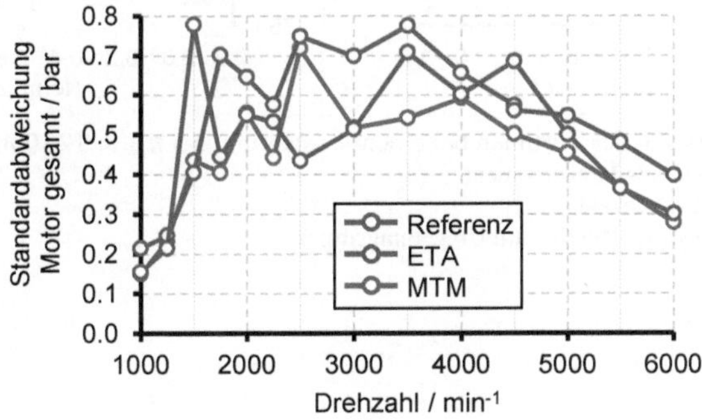

Abb. A.12: Standardabweichung des induzierten Mitteldrucks für die stationäre Motor-Volllast

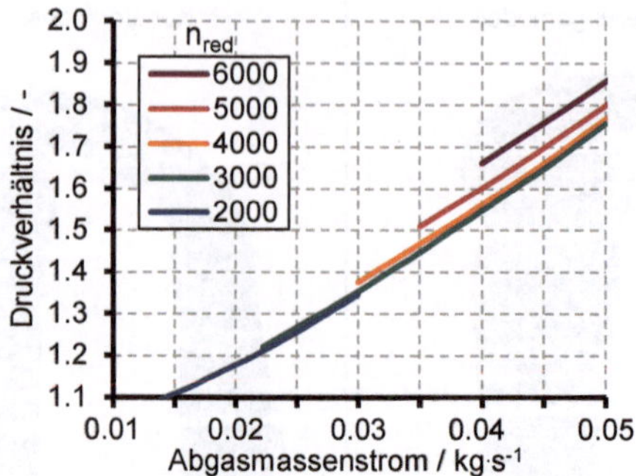

Abb. A.13: Beziehung zwischen Abgasmassenstrom und Turbinendruckverhältnis in Abhängigkeit der reduzierten ATL-Drehzahl (CFD-Simulation der ETA-Turbine)

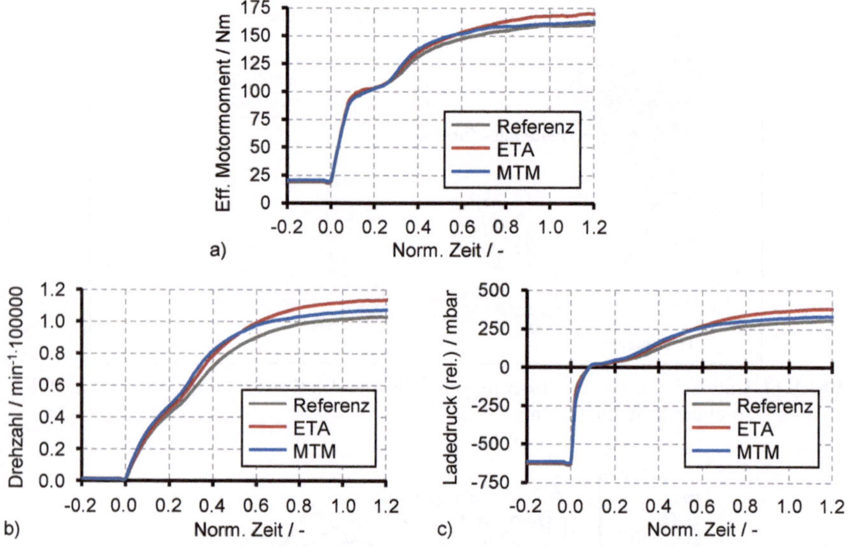

Abb. A.14: Auswirkung der Turbinen bei einem Lastsprung bei $n_M = 1250\ min^{-1}$

a) Effektives Motormoment
b) ATL-Drehzahl
c) Ladedruck relativ zum Umgebungsdruck

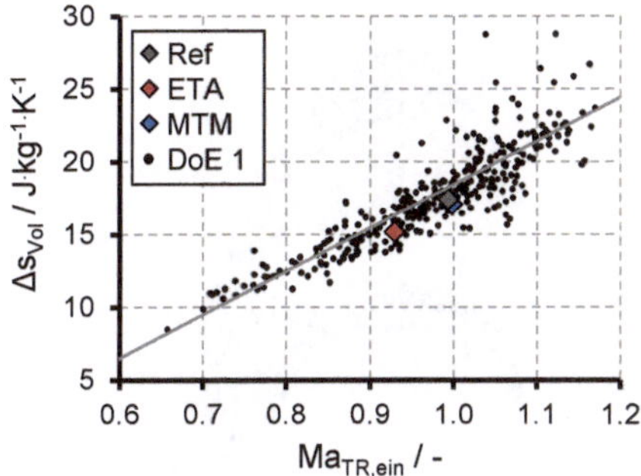

Abb. A.15: Stromaufwärts erzeugte Entropie Δs_{Vol} als Konsequenz der resultierenden Mach-Zahl am Turbineneintritt im Betriebspunkt T-BP1

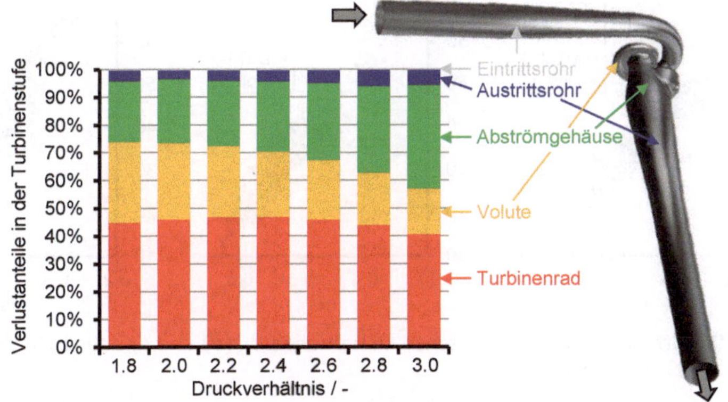

Abb. A.16: Verlustbetrachtung der Referenzturbine für sieben verschiedene Betriebspunkte ($n_{red} = 5000\ min^{-1}K^{-0,5}$) anhand des Anteils der gesamten Entropieproduktion

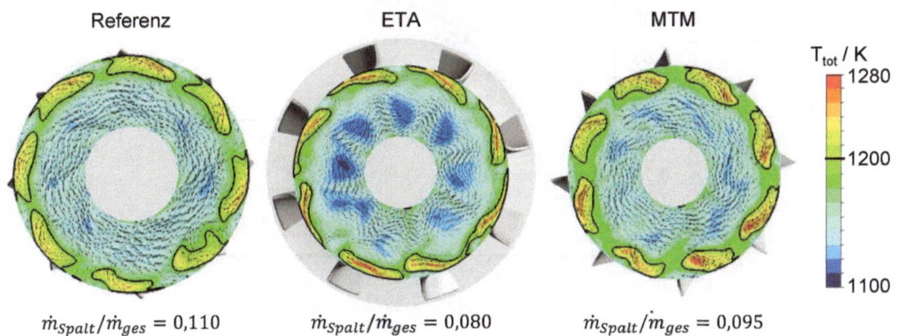

Abb. A.17: Vergleich der Spaltströmung in T-BP1anhand der Totaltemperatur (T_{tot} > 1200 K)

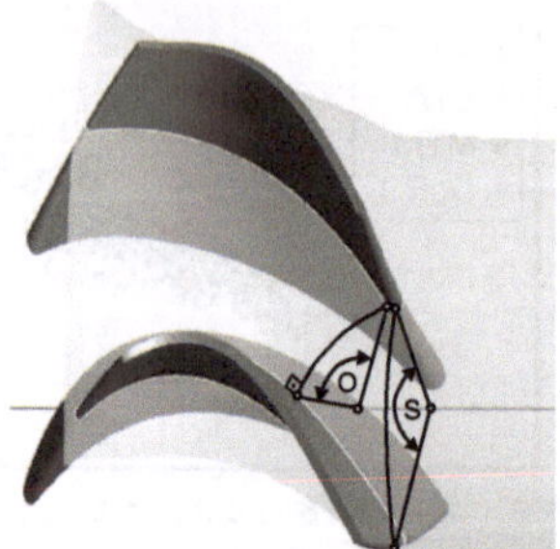

Abb. A.18: Definition des Winkel o und s in dreidimensionaler Darstellung

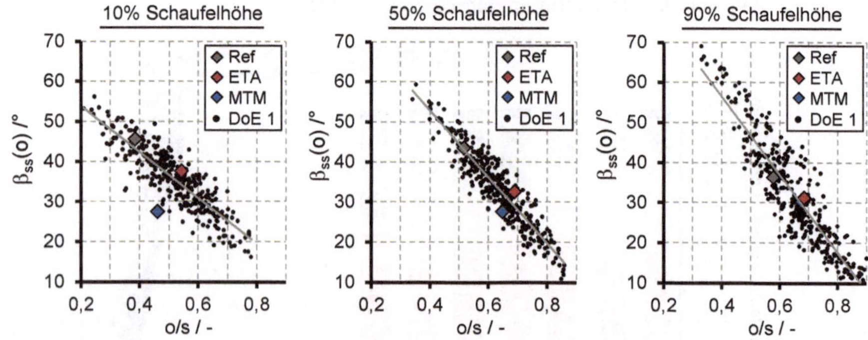

Abb. A.19: Korrelation der geometrischen Definitionen $\beta_{ss}(o)$ und o/s für 10%, 50% und 90% rel. Schaufelhöhe

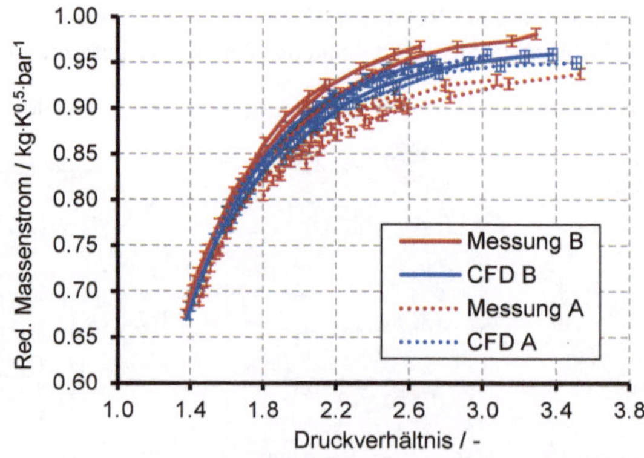

Abb. A.20: Vergleich des Durchsatzes der Referenzturbine für die Ursprungsmessung A und der 3 Jahre späteren Messung B sowie der entsprechenden CFD-Simulationen, deren Modelle sich nur minimal unterscheiden

A.2 Tabellen

Tab. A.1: Netzdetails des CFD-Modells mit y^+-Werten für den Optimierungsbetriebspunkt

Domain	**Anz. Knoten (Mio.)**	**Anz. Elemente (Mio.)**	**Min. Winkel / °**	**Max. Wachstumsfaktor / -**	**Max. Seitenverhältnis / -**	y^+_{max} / -	$\bar{y}^+$ / -
IAGK	0,39	1,12	49,9	19	203	5,3	0,9
Spirale	0,31	0,84	35,7	15	211	1,9	4,5
Turbinenrad	4,66	4,52	30,3	20	488	8,2	2,8
Radseitenraum	0,08	0,07	28,0	17	75	4,8	2,9
Abströmgehäuse	0,43	1,27	45,5	17	262	3,2	0,8
Gesamtmodell	5,87	7,82					

Tab. A.2: Netzqualität des Turbinenrades ohne und mit Verrundung am Schaufelfuß

Kriterium	**Ohne Verrundung**	**Mit Verrundung**	**Zielwerte**
Min. Winkel	30,3°	19,8°	> 20°
Max. Wachstumsfaktor	20	48	< 20
Max. Seitenverhältnis	488	3030	< 500

Tab. A.3: Vorhersagemaß R^2_{Prog} für die unterschiedlichen Antwortgrößen in Abhängigkeit der einflussreichsten Faktoren (basierend auf den Experimenten von DoE 2a)

Faktor	$\eta_{T,T-BP1}$	$\eta_{T,T-BP2}$	J_T	$p_{ein,T-BP1}$
λ_{LE}	0,47	0,41	0,35	0,18
N_B	0,08	0,03	0,04	0,02
R_{TE}	0,06	0,08	0,18	0,27
H_{TE}	0,02	0,01	0,03	0,08
R_V	0,06	0,09	0,12	0,02
R_{LE}	0,21	0,28	0,22	0,08
h_r	-	-	0,01	-
L_{ax}	0,08	0,05	0,05	0,02
$\beta_{LE,DS,Span=0}$	0,06	0,05	0,01	0,03
$\Theta_{LE,\,Span=0,5}$	0,01	0,01	-	0,02
$\Delta\Theta_{TE,\,Span=0}$	-	0,02	0,01	0,08
$\beta_{TE,DS,\,Span=0}$	0,02	0,02	-	0,09
$\beta_{TE,DS,\,Span=0,5}$	-	-	-	0,03
B_V	-	0,03	0,01	0,09
Gesamt	0,95	0,96	0,98	0,94

Tab. A.4: Vorhersagemaß R^2_{Prog} für die unterschiedlichen Antwortgrößen in Abhängigkeit der einflussreichsten Faktoren (basierend auf den Experimenten von DoE 2b)

Faktor	$\eta_{T,T-BP1}$	J_T	$p_{ein,T-BP1}$
λ_{LE}	0,40	0,57	0,13
R_{TE}	0,06	0,10	0,16
H_{TE}	0,07	0,03	0,28
R_{LE}	0,09	0,06	-
h_r	0,09	0,06	0,09
h_{ax}	0,05	0,02	0,06
L_{ax}	0,12	0,11	0,02
$\beta_{LE,DS,Span=0}$	0,03	0,01	-
$\Theta_{LE,\,Span=0,5}$	0,02	0,01	0,02
$\Delta\Theta_{TE,\,Span=0}$	-	0,02	0,09
$\beta_{TE,DS,\,Span=0}$	0,02	-	0,08
$\beta_{TE,DS,\,Span=0,5}$	0,01	-	0,06
Gesamt	0,97	0,98	0,97

Tab. A.5: Übersicht der Parameter des untersuchten Definitionsbereichs mit unterer und oberer Grenze (UG, OG) sowie Auflistung der Definitionswerte für die Referenz und die optimierten Turbinen ETA und MTM (zur Übersicht der Parameter siehe Abb. 5.2)

	Parameter / Einheit	**UG**	**OG**	**Referenz**	**ETA**	**MTM**
	$N_B/-$	5	11	8	8	8
Meridianschnitt	R_V/mm	19,0	24,0	21,5	22,5	21,5
	B_V/mm	6,0	12,0	9,7	6,2	10,0
	R_{TE}/mm	5,0	9,0	7,2	5,6	5,2
	H_{TE}/mm	8,5	12,0	11,0	11,1	11,2
	L_{ax}/mm	6,5	12,0	10,0	6,8	9,2
	R_{LE}/mm	17,0	22,0	20,7	21,1	21,5
	$\lambda_{LE}/°$	1,0	80,0	50,0	1,0	49,9
	$\nu_{TE}/°$	70	87	77	86	86
	h_r/mm	0,20	0,90	0,82	0,20	0,90
	h_{ax}/mm	0,10	0,50	0,40	0,20	0,45
	s_r/mm	0,10	0,60	0,45	0,10	0,27
	s_{ax}/mm	0,01	0,4	0,01	0,24	0,01
0% rel. Schaufelhöhe	$\Theta_{LE}/°$	0	0	0	0	0
	$\Delta\Theta_{TE}/°$	0,0	40,0	20,0	7,0	0,0
	$\beta_{LE,DS}/°$	0,0	65,0	39,0	8,0	33,4
	$\beta_{LE,SS}/°$	5,0	80,0	66,8	20,8	52,3
	$\beta_{TE,DS}/°$	25,0	55,0	45,0	33,6	32,3
	$\beta_{TE,SS}/°$	30,0	65,0	60,0	45,6	44,3
	$h/s\ /-$	0,10	0,60	0,46	0,19	0,41
	d_{LE}/mm	0,5	1,5	1,0	0,8	1,0
	d_{TE}/mm	1,2	1,4	1,2	1,4	1,3
50% rel. Schaufelhöhe	$\Theta_{LE}/°$	-3,0	25,0	13,5	11,5	13,3
	$\Delta\Theta_{TE}/°$	9,0	55,0	24,5	18,7	12,7
	$\beta_{LE,DS}/°$	0,0	55,0	37,0	8,0	33,4
	$\beta_{LE,SS}/°$	5,0	75,0	45,5	13,5	38,3
	$\beta_{TE,DS}/°$	30,0	65,0	58,7	51,7	50,6
	$\beta_{TE,SS}/°$	33,0	70,0	61,7	54,7	53,6
	$h/s\ /-$	0,10	0,50	0,42	0,21	0,34
	d_{LE}/mm	0,40	1,00	0,45	0,63	0,50
	d_{TE}/mm	0,65	0,90	0,71	0,80	0,71
100% rel. Schaufelhöhe	$\Theta_{LE}/°$	-5,0	36,0	21,1	13,5	20,9
	$\Delta\Theta_{TE}/°$	16,0	57,0	23,9	20,5	18,5
	$\beta_{LE}/°$	0,0	45,0	25,0	4,0	8,4
	$\beta_{TE}/°$	40,0	75,0	64,0	57,9	58,3
	$h/s\ /-$	0,10	0,50	0,31	0,21	0,26
	d_{LE}/mm	0,4	0,4	0,4	0,4	0,4
	d_{TE}/mm	0,4	0,4	0,4	0,4	0,4

A.3 Messunsicherheit des ATL-Heißgasprüfstands

In diesem Abschnitt wird der Fehler der Messwerte abgeschätzt, der die Reproduzierbarkeit angibt. Auf die Angabe einer absoluten Unsicherheit kann bei Vergleichsmessungen verzichtet werden, solange sie unter denselben Randbedingungen stattfinden (Prüfstand, Messtechnik, Stoffeigenschaften des Arbeitsmediums). Für die Messunsicherheit normalverteilter Zufallsvariablen wird typischerweise um einen Erwartungswert μ die zweifache Standardabweichung σ gewählt, um ein 95-prozentiges Konfidenzintervall zu erhalten. Die Unsicherheit einer Messgröße x_i ergibt sich somit zu

$$\Delta x_i = \mu_i \pm 2\sigma_i. \tag{A.1}$$

Diese geht direkt in die davon abhängige Zielgröße $y = f(x_i)$ zur Bestimmung des Turbinenkennfeldes ein. Ist die Zielgröße von mehreren Messgrößen abhängig, wird die resultierende Unsicherheit dieser Zielgröße mit

$$\left|\frac{\Delta y}{\bar{y}}\right| = \sqrt{\sum_{i=1}^{N} \left|\frac{\Delta x_i}{\bar{x}_i}\right|^2} \tag{A.2}$$

bestimmt. Die gemessenen Temperaturen liegen nach Kratzer Automation (2008) zwischen der Totaltemperatur und der statischen Temperatur. Mit Hilfe des gemessenen Massenstroms und eines Recovery-Faktors der Temperatursensoren erfolgt eine iterative Ermittlung und Unterscheidung beider Temperaturwerte. Im Anschluss kann auch der Totaldruck iterativ ermittelt werden, welcher für die Messunsicherheit an den statischen Druck gekoppelt ist. Die verwendeten Drucksensoren besitzen nach WIKA (2011) eine relative Unsicherheit u_p von $\pm$ 0,05%. Die Massenstrombestimmung erfolgt mit Hilfe eines Heißfilmanemometers der Marke Sensyflow von ABB und weist eine relative Unsicherheit $u_{\dot{m}}$ von $\pm$ 0,5% auf. Zur Temperaturmessung werden für die Verdichter- und Turbinenseite aufgrund des Temperaturniveaus unterschiedliche Typen von Thermoelementen genutzt. Für letztere werden NiCr-Ni-Thermoelemente des Typs K, Klasse 1, mit einer Grenzabweichung von $\Delta T = max\{\pm\ 1{,}5\ K; \pm\ 0{,}004 \cdot T\}$ verwendet. Für die Verdichterseite kommen Widerstandsthermometer Pt 100 der Klasse A zur Anwendung, welche eine Grenzabweichung von $\Delta T = \pm 0{,}15\ K + 0{,}002 \cdot T$ aufweisen. Zur Bestimmung der Temperaturunsicherheiten wird die Referenztemperatur durch Mittelung der betrachteten Betriebspunkte bestimmt. Diese werden in Tab. A.6 zusammengefasst.

Tab. A.6: Messunsicherheiten der Thermoelemente

Messstelle	$T_{ref}/\ K$	$\Delta T/\ K$	u_T /%
Turbineneintritt	873	3,49	0,40
Verdichtereintritt	293	0,74	0,25
Verdichteraustritt	383	0,92	0,24

Aus den Unsicherheiten der einzelnen Messgrößen folgt nach Gl. (A.2) für das Druckverhältnis eine relative Unsicherheit $u_{\Pi_{ts}}$ von $\pm$ 0,07%. Die Unsicherheit des reduzierten Massenstroms $u_{\dot{m}_{red}}$ beträgt $\pm$ 0,64% und die des mechanisch-kombinierten Wirkungsgrads $u_{\eta_{s,T} \cdot \eta_{m,ATL}}$ ergibt sich zu $\pm$ 0,89%.